普通高等教育创新型人才培养规划教材

工程材料与材料成形技术
学习指导、习题及实验指导

主　编　常　城
副主编　邓春芳　吴　丽

北京航空航天大学出版社

内容简介

本书是"工程材料"和"材料成形技术"课程的配套教材,共分为三部分:第一部分为工程材料学习指导与习题;第二部分为材料成形技术学习指导与习题;第三部分为工程材料与材料成形技术实验指导。

本书可作为高等工科院校机械工程类专业、近机械类专业及其他工程类专业的"工程材料"和"材料成形技术"课程的学习辅导书,也可供高等工业专科学校、高等职业技术学校及其他大专院校师生以及相关工程技术人员参考。

图书在版编目(CIP)数据

工程材料与材料成形技术学习指导、习题及实验指导 / 常城主编. -- 北京:北京航空航天大学出版社,2017.8
 ISBN 978-7-5124-2478-4

Ⅰ.①工… Ⅱ.①常… Ⅲ.①工程材料-成型-工艺-高等职业教育-教学参考资料 Ⅳ.①TB3

中国版本图书馆 CIP 数据核字(2017)第 182940 号

版权所有,侵权必究。

工程材料与材料成形技术学习指导、习题及实验指导

主　编　常　城
副主编　邓春芳　吴　丽
责任编辑　张少扬

*

北京航空航天大学出版社出版发行
北京市海淀区学院路 37 号(邮编 100191)　http://www.buaapress.com.cn
发行部电话:(010)82317024　传真:(010)82328026
读者信箱:goodtextbook@126.com　邮购电话:(010)82316936
北京市同江印刷有限公司印装　各地书店经销

*

开本:710×1 000　1/16　印张:10.25　字数:218 千字
2017 年 8 月第 1 版　2017 年 8 月第 1 次印刷　印数:2 000 册
ISBN 978-7-5124-2478-4　定价:24.00 元

若本书有倒页、脱页、缺页等印装质量问题,请与本社发行部联系调换。联系电话:(010)82317024

前　　言

"工程材料"和"材料成形技术"课程是机械制造及其自动化等机械类及近机械类专业重要的技术基础课程,内容多且杂,知识面广且实践性强。本书是"工程材料"和"材料成形技术"课程的配套教材。针对目前这两门课程的教学学时被大大压缩、实验学时减少的现状,作者本着加强基础、淡化专业,注重宽口径培养、能力培养、素质教育培养的需求,总结多年教学经验和教学研究的成果,吸取其他兄弟院校的经验编写成此书,作为课堂教材的重要补充。

本书共分为三部分:第一部分为工程材料学习指导与习题;第二部分为材料成形技术学习指导与习题;第三部分为工程材料与材料成形技术实验指导。学习指导包括每一章学习的目的和要求、各章内容的主要知识点、学习的重点和难点等,帮助学生理清学习的脉络,抓住学习的重点;习题采用填空题、判断题、单项选择题及综合分析题等不同的题型,用不同的方式,从不同的角度使学生强化基本概念,巩固所学的理论知识,扩展知识面,注重理论联系实际能力的培养;实验指导部分包括课程大纲要求的必做和选做实验,便于学生实验前的预习、实验中的指导和实验后的参考。

本书由北京信息科技大学常城、邓春芳、吴丽编写。常城任主编,编写第1～4章、实验指导及附录,并负责统稿。吴丽编写第5～9章,邓春芳编写第10～13章。本书在编写过程中得到了北京信息科技大学机电工程学院领导和北京航空航天大学出版社编辑的大力帮助和支持,在此一并表示衷心的感谢。

本书可作为高等工科院校机械工程类专业、近机械类专业及其他工程类专业的"工程材料"和"材料成形技术"课程的学习辅导书,也可供高等工业专科学校、高等职业技术学校及其他大专院校师生以及相关工程技术人员参考。

限于编者水平,书中可能存在一些错误和不足之处,恳请广大读者批评指正。

编　者
2017年4月

目　　录

第一部分　工程材料学习指导与习题

第1章　材料的力学性能 ……………………………………………………… 1
　1.1　学习指导 ……………………………………………………………… 1
　1.2　习题与思考题 ………………………………………………………… 2

第2章　金属的晶体结构与缺陷 ……………………………………………… 7
　2.1　学习指导 ……………………………………………………………… 7
　2.2　习题与思考题 ………………………………………………………… 11

第3章　金属的结晶与二元相图 ……………………………………………… 14
　3.1　学习指导 ……………………………………………………………… 14
　3.2　习题与思考题 ………………………………………………………… 22

第4章　金属的塑性变形及再结晶 …………………………………………… 32
　4.1　学习指导 ……………………………………………………………… 32
　4.2　习题与思考题 ………………………………………………………… 35

第5章　钢的热处理 …………………………………………………………… 39
　5.1　学习指导 ……………………………………………………………… 39
　5.2　习题与思考题 ………………………………………………………… 42

第6章　工业用钢 ……………………………………………………………… 51
　6.1　学习指导 ……………………………………………………………… 51
　6.2　习题与思考题 ………………………………………………………… 54

第7章　铸　铁 ………………………………………………………………… 61
　7.1　学习指导 ……………………………………………………………… 61
　7.2　习题与思考题 ………………………………………………………… 63

第8章　有色金属及其合金 …………………………………………………… 66
　8.1　学习指导 ……………………………………………………………… 66
　8.2　习题与思考题 ………………………………………………………… 68

第9章　工程材料的选用 ……………………………………………………… 71
　9.1　学习指导 ……………………………………………………………… 71
　9.2　习题与思考题 ………………………………………………………… 72

第二部分　材料成形技术学习指导与习题

第 10 章　金属液态成形 …… 77
10.1　学习指导 …… 77
10.2　习题与思考题 …… 81

第 11 章　金属塑性成形 …… 88
11.1　学习指导 …… 88
11.2　习题与思考题 …… 91

第 12 章　连接成形 …… 100
12.1　学习指导 …… 100
12.2　习题与思考题 …… 103

第 13 章　材料成形方法选择 …… 110
13.1　学习指导 …… 110
13.2　简答题 …… 111

第三部分　工程材料与材料成形技术实验指导

实验一　材料的硬度测试 …… 112
实验二　铁碳合金平衡组织观察与分析 …… 124
实验三　碳钢的热处理(综合性试验) …… 131
实验四　金相试样制备及金相显微镜的使用(选做) …… 138
实验五　钢铁材料的火花鉴别(选做) …… 145
实验六　冲压模具拆装 …… 150
附录 A　压痕直径与布氏硬度对照表 …… 155
附录 B　洛氏硬度(HRC)与其他硬度及强度换算表 …… 157
参考文献 …… 158

第一部分　工程材料学习指导与习题

材料是人类用来制造各种有用器件的物质。它是人类生存与发展、征服自然和改造自然的物质基础,也是人类社会现代文明的重要支柱。

第 1 章　材料的力学性能

1.1　学习指导

1.1.1　学习目的和要求

了解材料力学性能的概念;掌握材料力学性能的主要性能指标、测试方法、表示符号以及适用范围等;了解物理、化学性能和工艺性能的概念。

1.1.2　内容提要

材料的性能一般分为使用性能和工艺性能。使用性能又包括力学性能、物理性能和化学性能等,它是满足材料使用要求所需具备的性能。工艺性能是指材料加工的难易程度,包括铸造性能、锻造性能、焊接性能、热处理性能和切削加工性能等。

力学性能是指材料在外加载荷作用时所表现出来的性能。它包括刚度、强度、塑性、硬度、韧度和疲劳强度等。

1. 弹性变形与刚度

材料受到外载荷作用产生变形,在载荷卸除后能恢复原状,这种变形称为弹性变形。刚度是指材料抵抗弹性变形的能力,一般用材料的弹性模量表示。提高零件刚度的方法是增大横截面积或改变截面形状。

2. 强　度

材料受到外载荷作用产生的永久变形,称为塑性变形。材料抵抗塑性变形和断裂破坏的能力称为强度,如屈服强度(σ_s)、抗拉强度(σ_b)、抗弯强度、抗剪强度、抗扭强度和断裂强度等。材料的屈服强度和抗拉强度可通过拉伸试验测得,拉伸试验的应力-应变曲线如图 1-1 所示。

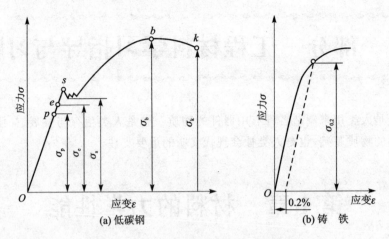

图1-1 低碳钢和铸铁的应力-应变曲线

3. 塑性

塑性是指材料在外力作用下产生塑性变形而不被破坏的能力,塑性指标常用的有断后伸长率(δ)和断面收缩率(ψ)。

4. 硬度

材料抵抗表面局部塑性变形的能力称为硬度。常用的硬度测量方法是压入法,主要有布氏硬度(HB)、洛氏硬度(HR)、维氏硬度(HV)等。

5. 冲击韧度

材料抵抗冲击载荷作用而不被破坏的能力称为冲击韧度(a_k)。

6. 疲劳强度

在交变载荷作用下,零件所承受的应力虽然低于其屈服强度,但经过较长时间的作用,材料会产生裂纹或突然断裂,这种现象称为材料的疲劳。

1.1.3 学习重点

材料的各种力学性能指标的概念、测试方法、表示符号和适用范围。

1.2 习题与思考题

1.2.1 名词解释

弹性变形、刚度、强度、屈服强度、抗拉强度、断裂强度、塑性、硬度、布氏硬度、洛氏硬度、冲击韧度、交变载荷、疲劳、疲劳强度。

1.2.2 填空题

1. 材料的性能一般分为_____和_____两大类。

2. 根据外力的作用方式,常见的强度指标有_____、_____、_____和_____等。

3. 通过低碳钢的拉伸试验可以得到的强度指标是_____、_____和_____,可以得到的塑性指标是_____和_____。

4. 金属材料的机械性能是指在载荷作用下其抵抗_____或_____的能力。

5. 低碳钢拉伸试验的过程可以分为弹性变形、_____和_____三个阶段。

6. 提高零件刚度的方法是_____或_____。

7. 材料在外力作用下抵抗_____和_____的能力称为强度。

8. 材料在破断前所能承受的最大应力,称为_____。

9. 低碳钢拉伸试验时,应力超过抗拉强度,材料出现明显的颈缩,应力明显下降,随后被拉断,此时所对应的应力值称为_____。

10. 材料的_____和_____越大,材料的塑性越好。

11. 材料抵抗表面局部塑性变形的能力称为_____。

12. 常用测定硬度的方法有_____、_____和维氏硬度测试法。

13. 洛氏硬度可分为15种,常用的有_____、_____和_____三种。

14. 动载荷的主要形式有_____和_____两种。

15. 材料抵抗冲击载荷作用而不被破坏的能力称为_____。

16. 大小或方向随时间变化的载荷称为_____。

17. 摆锤冲击试验试样被冲断时,试样断面单位面积上所消耗的功称为_____。

18. 疲劳强度是表示材料经_____作用而_____的最大应力值。

19. 检测淬火钢成品件的硬度一般采用_____硬度,检测退火件、正火件或调质件的硬度一般采用_____硬度。

20. 金属的受力变形包括_____和_____两种。

21. 金属材料抗拉强度的符号是_____,屈服强度的符号是_____。

22. 零件的表面加工质量对其_____强度有很大的影响。

23. 屈服强度是表示金属材料抵抗_____变形的能力。

1.2.3 判断题

1. 所有金属材料拉伸时均有屈服现象。　　　　　　　　　　　(　　)

2. 用布氏硬度测量硬度时,压陷器为硬质合金球时,用符号 HBW 表示。
　　　　　　　　　　　　　　　　　　　　　　　　　　　(　　)

3. 零件的刚度取决于材料的弹性模量、零件的形状和尺寸。　　(　　)

4. 布氏硬度试验的优点是压痕面积大、数据稳定,因而适用于成品及薄壁件的检测。　　　　　　　　　　　　　　　　　　　　　　　　　(　　)

5. 洛氏硬度的测定操作迅速、渐变、压痕面积小,数据波动大,适用于半成品检测。
　　　　　　　　　　　　　　　　　　　　　　　　　　　(　　)

6. 同种材料,不同尺寸试样所测定的断后伸长率相同。   (   )
7. 材料的伸长率反映了材料韧性的大小。   (   )
8. 依据材料的硬度值可以近似确定其抗拉强度。   (   )
9. 布氏硬度可用于测试正火件、回火件和铸件的硬度。   (   )
10. 金属材料受到长时间冲击载荷时,产生裂纹或突然发生断裂的现象称为疲劳。
                                                              (   )
11. 抗拉强度是材料在拉断前所能承受的最大应力。   (   )
12. 金属材料的疲劳断裂是零件失效的主要原因之一。   (   )
13. 材料的屈服点越低,则允许的工作应力越高。
14. 小能量多次冲击抗力的大小主要取决于材料强度的高低。   (   )
15. 布氏硬度试验的实验条件相同时,其压痕直径越小,材料的硬度越小。
                                                              (   )
16. 洛氏硬度是根据压头压入被测材料的深度来确定的,压痕深度越浅,则材料的硬度越高。   (   )
17. 金属材料的力学性能主要取决于材料的化学成分和内部组织状态。   (   )
18. 渗碳件经淬火处理后用 HB 硬度计测量表层硬度。
19. 疲劳强度是表示在冲击载荷作用下而不致引起断裂的最大应力。
20. 材料的强度越高,其硬度越大,所以刚度越大。
21. 材料的断裂强度一定大于其抗拉强度。
22. 屈服就是材料开始塑性变形失效,所以屈服强度就是材料的断裂强度。
                                                              (   )
23. 冲击韧度和断裂韧度都是材料的韧性指标,所以其单位是一样的。   (   )
24. 材料的强度越高,其硬度越大,所以刚度越大。
25. 材料的断裂强度一定大于其抗拉强度。
26. 金属的抗拉强度越高,金属抗塑性变形的能力也越高。   (   )
27. 布氏硬度试验的优点是压痕面加大、数据稳定,因而适用于成品和薄壁件的检验。   (   )
28. 同种材料、不同尺寸试样所测定的断后伸长率相同。   (   )
29. 材料的屈服点越低,则允许的工作应力越高。   (   )

1.2.4 单项选择题

1. 拉伸试验时,试样断裂前所能承受的最大应力称为材料的(   )。
   A. 屈服强度   B. 弹性极限   C. 抗拉强度   D. 疲劳强度
2. 某钢材制成长短两个试样,测得断后伸长率分别为 28% 和 35%,则(   )。
   A. 塑性一样好   B. 长试样塑性好   C. 短试样塑性好   D. 不能比较
3. 在做疲劳试验时,试样承受的载荷是(   )。

A. 静载荷　　　　B. 冲击载荷　　　　C. 交变载荷　　　　D. 任何载荷

4. 洛氏硬度 C 标尺使用的压头是(　　)。
   A. 硬质合金球　　B. 淬硬钢球　　　C. 金刚石圆锥　　D. 金刚石四棱锥
5. 低碳钢拉伸应力-应变曲线中对应的最大应力值称为(　　)。
   A. 弹性极限　　　B. 屈服强度　　　C. 抗拉强度　　　D. 断裂强度
6. 低碳钢拉伸时,其变形过程可简单分为(　　)等阶段。
   A. 弹性变形、断裂　　　　　　　　B. 弹性变形、塑性变形、断裂
   C. 塑性变形、断裂　　　　　　　　D. 塑性变形、弹性变形、断裂
7. 材料开始发生塑性变形的应力值叫做材料的(　　)。
   A. 弹性极限　　　B. 屈服强度　　　C. 抗拉强度　　　D. 断裂强度
8. 测量淬火钢件及其某些表面硬化件硬度时,一般应用(　　)。
   A. HRA　　　　　B. HRB　　　　　C. HRC　　　　　D. HBW
9. 有利于切削加工的材料的硬度范围是(　　)。
   A. <160HBW　　B. >230HBW　　C. 160~230HBW　D. 60~70HRC
10. 材料的(　　)值主要取决于其晶体结构特征,一般处理方法对其影响很小。
    A. $\sigma_{0.2}$　　　　B. σ_b　　　　C. K_{IC}　　　　D. E
11. 在设计拖拉机缸盖螺钉时应选用的强度指标是(　　)。
    A. σ_b　　　　　B. $\sigma_{0.2}$　　　C. σ_s　　　　D. σ_p
12. 有一碳钢支架刚性不足,解决办法是(　　)。
    A. 通过热处理强化　　　　　　　　B. 增加横截面积
    C. 在冷加工状态下使用　　　　　　D. 在热加工状态下使用
13. 在某工件的图纸上,出现了以下几种硬度技术条件的标注,其中正确的是(　　)。
    A. 700HB　　　　B. HV800　　　　C. 12~15HRC　　D. 229HBW
14. 金属的(　　)越好,则其锻造性能越好。
    A. 塑性　　　　　B. 强度　　　　　C. 硬度　　　　　D. 刚度

1.2.5　综合题

1. 什么叫材料的力学性能?力学性能主要包括哪些指标?
2. 说明下列力学性能指标的含义:
   (1) σ_s 和 $\sigma_{0.2}$;(2) σ_b;(3) ψ 和 δ;(4) HBW 和 HRC;(5) α_k
3. 什么叫塑性?衡量塑性的指标有哪些?塑性好的材料有什么实际意义?
4. 拉伸试样为低碳钢圆棒标准试样(Φ10 mm、长 50 mm),发生屈服时的最高负荷为 31 400 N,产生缩颈前的最高负荷为 53 000 N,拉断后试样长 79 mm,缩颈处最小直径为 Φ4.9 mm,求其 σ_s、σ_b、ψ 和 δ。
5. 常用的硬度指标有哪些?表示符号分别是什么?如何选用?硬度试验的优

点有哪些？硬度指标和强度指标有哪些联系？

6. 根据图 1-2 中 1、2、3、4 四种材料的应力-应变曲线，试比较其抗拉强度、屈服强度和塑性的高低，并指出综合力学性能最佳的材料。

7. 如图 1-3 所示为 5 种材料的应力-应变曲线，其中 1 为 45 钢、2 为铝青铜、3 为 35 钢、4 为硬铝、5 为纯铜，试问：当应力为 30MPa 时各材料处于什么状态？

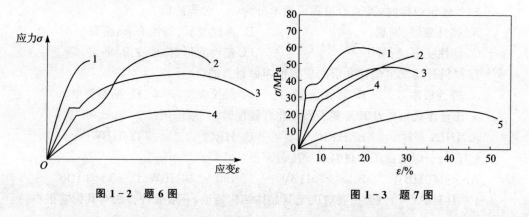

图 1-2　题 6 图　　　　　　　　图 1-3　题 7 图

8. 下列各种工件或钢材可用哪些硬度试验法测定其硬度值？
(1) 车刀、锉刀；(2) 供货状态的各种碳钢材料；(3) 硬质合金刀片；(4) 铝合金半成品；(5) 耐磨工件的表面硬化层。

9. 什么叫冲击韧度？α_{ku} 和 α_{kv} 分别代表什么？

10. 某仓库内有 1 000 根 20 钢和 60 钢热轧棒料混在一起，问用何种方法鉴别比较合适？说明理由。

11. 某种钢的抗拉强度 $\sigma_b = 5.38 \times 10^2$ MPa，做拉伸试验时，若钢棒直径为 10 mm，在拉伸断裂时直径变为 8 mm，问此棒能承受的最大载荷为多少？断面收缩率是多少？

12. 材料的屈服强度、抗拉强度和断裂强度是否越接近越好？

13. 材料为什么会产生疲劳？如何提高材料的疲劳强度？

14. 零件设计时，选取 σ_s（$\sigma_{0.2}$）或者 σ_b，应以什么为依据？

15. 有一碳塑钢支架刚性不足，有人要用热处理强化的方法改进，有人要另选合金钢，有人要改变零件的截面形状来解决，哪种方法合理？为什么？

第 2 章 金属的晶体结构与缺陷

2.1 学习指导

2.1.1 学习目的和要求

掌握有关晶体的基本概念及常见金属的晶格类型;掌握晶体缺陷的种类及对性能的影响;了解金属结晶过程,掌握晶粒大小的控制方法;了解金属的相结构的概念。

2.1.2 内容提要

实践和研究表明,决定工程材料性能的基本因素是材料的化学成分、内部的微观结构和组织状态,而性能决定了材料的应用。按照原子(离子或分子)在三维空间的排列形式可将材料分为晶体和非晶体两大类。

1. 晶体结构的基本概念

1) 晶体

原子沿三维空间呈周期性重复排列的一类物质称为晶体。

晶体的特点:①原子排列是有序的;②晶体有固定的熔点和凝固点,;③沿晶体的不同方向所测得的性能不同,即晶体表现出各向异性。

几乎所有的金属、绝大部分陶瓷、一部分聚合物都具有晶体结构。

2) 非晶体

原子在其内部沿三维空间呈紊乱、无序排列的一类物质称为非晶体。由于非晶体的原子(或分子)聚集结构与液态结构类似,所以固态的非晶体实际上是一种过冷状态的液体,只是其物理性质不同于通常的液体而已。

非晶体的种类较少,常见的如石蜡、松香、玻璃等。

晶体和非晶体在一定条件下,可以相互转化。

3) 晶格

为了研究方便,可以把组成晶体的原子(或离子、分子)看做刚性球体。用直线把这些按一定规则排列的原子球体的中心连接起来,就构成了空间的原子几何格架,称为晶格。

4) 晶胞

晶格中的能够完全反映晶体特征的最小几何单元,称为晶胞。在三维空间中,晶胞的几何特征可以用晶胞的三条棱边的边长 a、b、c 和三条棱边之间的夹角 α、β、γ 六个参数来表示,其中边长 a、b、c 称为晶格常数。

2. 纯金属的晶体结构

金属材料包括纯金属和合金。所谓合金是指由两种或两种以上的金属或金属与非金属经过熔炼、烧结或其他方法组合而成的具有金属特性的一类物质,如铜-锌合金、铝-硅合金、铁-碳合金、铁-碳-铬-钨-矾合金等。

工业上使用的金属有几十种,绝大多数具有比较简单的晶体结构。最典型、最常见的金属晶体结构有三种:体心立方晶胞、面心立方晶胞和密排六方晶胞。

1) 体心立方晶胞(bcc)

体心立方晶胞的晶格常数 $a=b=c$,$\alpha=\beta=\gamma=90°$,原子分布在立方晶胞的八个顶角及其体心位置,如图 2-1(a)所示。

2) 面心立方晶胞(fcc)

面心立方晶胞的晶格常数 $a=b=c$,$\alpha=\beta=\gamma=90°$,原子分布在立方晶胞的八个顶角及六个侧面的中心,如图 2-1(b)所示。

3) 密排六方晶胞(hcp)

密排六方晶胞的晶格常数 $a=b\neq c$,$\alpha=\beta=90°$,$\gamma=120°$,原子分布在六方晶胞的十二个顶角、上下底面的中心及晶胞体内两底面之间的三个间隙里,如图 2-1(c)所示。

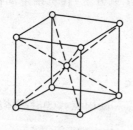 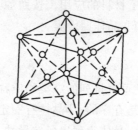 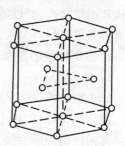

(a) 体心立方晶胞　　　(b) 面心立方晶胞　　　(c) 密排六方晶胞

图 2-1　三种常见晶体结构的晶胞示意图

3. 金属的实际结构与晶体缺陷

理想状态的金属晶体结构是整个晶体的晶胞规则重复地排列的,但实际上由于受许多因素的影响,晶体内部某些区域的原子规则排列往往会受到外界干扰而被破坏。实际建设晶体结构中存在的这种排列不完整的区域称为晶体缺陷,按照几何特征,晶体缺陷主要有点缺陷、线缺陷和面缺陷三类。

1) 点缺陷

点缺陷指在三维尺度上都很小且不超过几个原子直径的缺陷。常见的点缺陷有空位、间隙原子和置换原子三种,如图 2-2

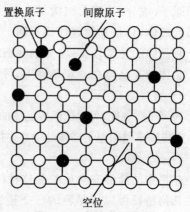

图 2-2　点缺陷示意图

所示。

2）线缺陷

线缺陷是指二维尺度很小而第三维尺度很大、呈线性分布的缺陷,也称位错。常见的有刃型位错和螺型位错两种,如图2-3所示。

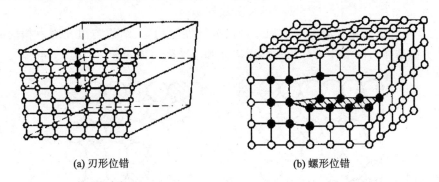

(a) 刃形位错　　　　　　(b) 螺形位错

图2-3　线缺陷示意图

3）面缺陷

面缺陷是指二维尺度很大而第三维尺度很小的晶体缺陷。常见的有晶界和亚晶界两种。如图2-4所示。

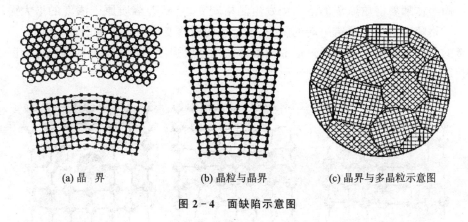

(a) 晶　界　　　　(b) 晶粒与晶界　　　(c) 晶界与多晶粒示意图

图2-4　面缺陷示意图

4. 合金的相结构

1）组　元

纯金属具有良好的物理性能,但强度较低。工业上广泛使用的金属材料绝大部分是合金,组成合金的最基本的独立单元称为组元,如黄铜是由铜(Cu)和锌(Zn)组成的二元合金,碳素钢是由铁(Fe)和碳(C)组成的二元合金。

2）相

指合金中具有同一化学成分、同一结构和原子聚集状态,并以界面限定的、均匀的组成部分,如钢中的铁素体、渗碳体、奥氏体等。

3) 组　　织

指用肉眼或显微镜观察到的不同组成相的形状、尺寸、分布及各相之间的组合状态。

根据结构特点不同,合金中的相可以分为固溶体和金属化合物两大类。

（1）固溶体

合金组元通过相互溶解形成的一种成分及性能均匀、结构与组元之一相同的固相,称为固溶体。固溶体可分为置换固溶体和间隙固溶体两种,如图 2-5 所示。

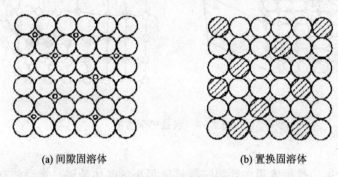

(a) 间隙固溶体　　　　(b) 置换固溶体

图 2-5　固溶体示意图

固溶体随着溶质原子的溶入而发生晶格畸变,且随着溶质原子浓度的增大而增大。晶格畸变增加了位错运动的阻力,使金属的滑移变形变得更加困难,从而提高了合金的强度和硬度。这种通过形成固溶体而使金属强度和硬度提高的现象称为固溶强化,如图 2-6 所示。

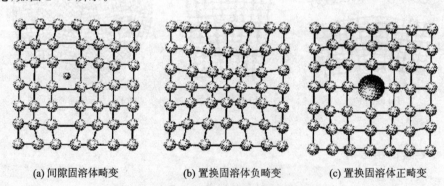

(a) 间隙固溶体畸变　　　(b) 置换固溶体负畸变　　　(c) 置换固溶体正畸变

图 2-6　固溶体晶格畸变示意图

固溶体的综合力学性能好,常作为合金的基体相。

（2）金属化合物

合金组元相互作用形成的晶格类型和特征完全不同于任一组元的新相即为金属化合物。

金属化合物一般具有复杂的晶体结构,特点是熔点高,硬而脆。因此,当合金中出现金属化合物时,通常能提高合金的强度、硬度和耐磨性,但会降低塑性和韧性。

金属化合物是各类合金钢、硬质合金及许多有色金属合金的重要组成部分。

2.1.3 学习重点

晶体的基本概念及常见金属的晶格类型;晶体缺陷的种类及对性能的影响;晶粒大小的控制方法。

2.2 习题与思考题

2.2.1 名词解释

晶体、非晶体、晶格、晶胞、晶格常数、晶格缺陷、点缺陷、线缺陷、面缺陷、组元、相、组织、固溶体、金属化合物、固溶强化。

2.2.2 填空题

1. 实际晶体中主要存在三类缺陷,其中点缺陷有_____和_____等;线缺陷有_____;面缺陷有_____和_____等。
2. 纯金属的晶格类型主要有_____、_____和_____三种。
3. 合金中的相常见的有_____和_____两类。
4. 晶体与非晶体结构上最根本的区别是晶体中_____,而非晶体中_____。
5. 一切固态物质可以分为_____与_____两大类。
6. 晶体缺陷主要可分为_____、_____和_____三类。
7. 晶体缺陷中的点缺陷除了置换原子,还有_____和_____。
8. 每个面心立方晶胞在晶核中实际含有_____原子,致密度为_____。
9. 面缺陷主要指的是_____和_____。
10. 最常见的线缺陷主要是位错,位错常见的有_____和_____。
11. 每个体心立方晶胞在晶核中实际含有_____原子,致密度为_____。
12. 晶体物质的晶格类型及晶格常数由_____和_____决定。

2.2.3 判断题

1. 实际金属是由许多位向不同的小晶粒组成的。 ( )
2. 合金的基本相包括固溶体、金属化合物和这两者的机械混合物。 ( )
3. 金属中的固溶体一般说塑性比较好,而金属化合物的硬度比较高。 ( )
4. 因为单晶体是各向异性的,所以实际应用的金属材料在各个方向上的性能也是不同的。 ( )

5. 三种金属晶格类型中,体心立方晶格中原子排列最为紧密。 (   )
6. 金属发生多晶型转变时,不仅晶格要发生变化,组织与性能也要发生变化。
 (   )
7. 非晶体具有各向异性。 (   )
8. 每个体心立方晶胞中实际包含有 2 个原子。 (   )
9. 每个面心立方晶胞中实际包含有 2 个原子。 (   )
10. 每个面心立方晶胞中实际包含有 4 个原子。 (   )
11. 每个体心立方晶胞中实际包含有 4 个原子。 (   )
12. 单晶体具有各向异性,多晶体具有各向同性。 (   )
13. 晶体具有各向同性。 (   )
14. 单晶体具有各向同性,多晶体具有各向异性。 (   )
15. 体心立方晶格的致密度为 84%。 (   )
16. 面心立方晶格的致密度为 78%。 (   )
17. 密排六方晶格在晶格中实际仅包含的原子数量是 7 个。 (   )
18. 把在实际晶体中出现的刃型位错和螺型位错的缺陷叫做面缺陷。 (   )
19. 把在实际晶体中出现的空位和间隙原子的缺陷叫做线缺陷。 (   )
20. 面心立方晶胞在晶格中实际仅包含的原子数量是 5 个。 (   )
21. 金属多晶体是由许多结晶方向相同的多晶体组成的。 (   )
22. 形成间隙固溶体的两个元素可形成无限固溶体。 (   )
23. 因为晶体和非晶体在结构上不存在共同点,所以晶体和非晶体是不可互相转化的。 (   )
24. 金属晶体中最主要的面缺陷是晶界。 (   )
25. 金属多晶体由许多结晶方向相同的多晶体组成。 (   )
26. 配位数大的晶体,其致密度也高。 (   )
27. 金属理想晶体的强度比实际晶体的强度高得多。 (   )
28. 实际金属在不同方向上的性能是不一样的。 (   )
29. 在室温下,金属的晶粒越细,则其强度越高,塑性越低。 (   )
30. 纯铁只可能是体心立方结构,而铜只可能是面心立方结构。 (   )
31. 实际金属中存在着点、线、面缺陷,从而使得金属的强度和硬度均下降。
 (   )
32. 晶胞是从晶格中任意截取的一个小单元。 (   )

2.2.4 单项选择题

1. 每个体心立方晶胞中包含有(   )个原子。
A. 1   B. 2   C. 3   D. 4
2. 每个面心立方晶胞中包含有(   )个原子。

A. 1   B. 2   C. 3   D. 4

3. 每个密排六方晶胞中包含有（   ）个原子。

A. 2   B. 4   C. 6   D. 8

4. 在晶体缺陷中，属于点缺陷的有（   ）。

A. 间隙原子   B. 位错   C. 晶界   D. 缩孔

5. 晶体中的位错属于（   ）。

A. 体缺陷   B. 面缺陷   C. 线缺陷   D. 点缺陷

6. 固溶体的晶体结构（   ）。

A. 与溶剂相同   B. 与溶质相同

C. 与溶剂、溶质都不同   D. 与溶剂、溶质都相同

7. 间隙固溶体与间隙化合物的（   ）。

A. 结构相同，性能不同   B. 结构不同，性能相同

C. 结构相同，性能也相同   D. 结构和性能都不同

8. 纯铁在 912 ℃以下为 α-Fe，它的晶格类型是（   ）。

A. 体心立方   B. 面心立方   C. 密排六方   D. 简单立方

9. 常见金属金、银、铜、铝及铅等室温下的晶体结构类型是（   ）。

A. 与纯铁相同   B. 与 α-Fe 相同

C. 与 δ-Fe 相同   D. 与 γ-Fe 相同

10. 工程上使用的金属材料一般都呈（   ）。

A. 各向异性   B. 各向同性   C. 伪各向异性   D. 伪各向同性

11. 晶体和非晶体的主要区别是（   ）。

A. 晶体中原子的有序排列   B. 晶体中的原子依靠金属键结合

C. 晶体具有各向异性   D. 晶体有固定的熔点

12. 金属化合物的性能特点是（   ）。

A. 强度高、硬度高   B. 硬度低、塑性好

C. 硬度大、脆性大   D. 塑性韧性好

13. 两组元 A 和 B 组成金属化合物，则金属化合物的结构（   ）。

A. 与 A 相同   B. 与 B 相同

C. 与 A 和 B 都不同   D. 是 A 和 B 的机械混合物

2.2.5 综合题

1. 固溶体和金属间化合物在结构和性能上有什么主要差别？
2. 实际晶体中的点缺陷、线缺陷和面缺陷对金属性能有何影响？
3. 常见的金属晶体结构有哪几种？画图表示这几种晶体结构的晶胞示意图。
4. 为何单晶体具有各向异性，而多晶体在一般情况下不显示出各向异性？
5. 什么是固溶强化？造成固溶强化的原因是什么？

第 3 章　金属的结晶与二元相图

3.1　学习指导

3.1.1　学习目的和要求

了解二元合金相图的建立方法；了解匀晶相图、包晶相图、共晶相图及其他类型的二元相图的特点及分析方法；了解相图与合金性能的关系；了解铁碳合金中基本相的组成和性能特点；掌握 Fe-Fe$_3$C 相图的分析方法及应用，会分析铁碳合金的冷却结晶过程；掌握碳含量与铁碳合金性能之间的关系。

3.1.2　内容提要

固态金属一般都是由液态金属冷却而获得的。不同的冷却条件会得到不同的固态组织结构，从而使金属具有不同的性能。

1. 纯金属的结晶

金属材料经冶炼浇铸到铸模中，冷却后液态金属转变为固态金属，获得具有一定形状的固态铸锭或铸件。一般情况下，固态金属都是晶体，因此金属从液态转变为固态的过程称为结晶。通常把金属从液态转变为固态晶态的过程称为一次结晶，而把金属从一种固态晶格转变为另一种固态晶格的过程称为二次结晶或重结晶。

1) 过冷度

结晶只有在理论结晶温度以下才能发生，这种现象称为过冷。而理论结晶温度与实际结晶温度的差值称为过冷度。冷却速度越大，则开始结晶的温度越低，过冷度也就越大。

2) 纯金属的结晶过程

结晶过程由晶核形成和晶核长大两个基本过程组成。

3) 晶粒大小及控制

控制材料的晶粒大小具有非常重要的意义，通常在常温工作环境下，晶粒细化会使材料的强度、硬度、塑性和韧性等都显著提高。

细化晶粒的措施主要有增大过冷度、变质处理、振动和搅拌等。

2. 合金的结晶

合金因具有更优异的力学性能和加工工艺性能，其应用更加广泛。为研究方便，通常用以温度和成分作为独立变量的相图来分析合金的结晶过程。

1) 相　图

相图是表示合金系中不同成分的合金在不同温度下是由哪些相组成以及这些相之间平衡关系的一种简明示意图,也称为平衡图或状态图。对合金相图进行分析和使用,有助于了解合金的相组成状态并能由相组成预测合金的力学性能,也可按照力学性能的要求来配置合金。生产中,相图是制定合金熔炼铸造、锻造、热处理工艺及选材的重要依据。

2) 二元合金相图的建立

二元合金相图是通过实验得到的,最常用的方法是热分析法。

3) 二元相图的基本类型

较典型的二元相图一般包括匀晶相图、共晶相图、包晶相图和共析相图。

4) 相图与金属性能之间的关系

合金性能取决于合金的成分和组织,而合金的成分与组织的关系可在相图中体现,所以,相图和合金性能之间存在着一定的关系,可利用相图大致判断出不同合金的性能。

(1) 合金的使用性能与相图的关系

固溶体和化合物是合金的基本相。固溶体的性能与溶质元素的溶入量有关,溶入量越多,晶格畸变越大,则合金的强度、硬度越高,电阻越大。相图与合金的物理、力学性能之间的关系如图3-1所示。

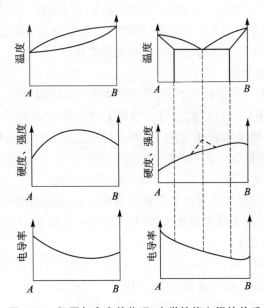

图3-1　相图与合金的物理、力学性能之间的关系

(2) 合金的工艺性能与相图的关系

纯组元与共晶成分的合金的流动性最好。缩孔集中,铸造性能好。相图中液相线和

固相线之间的距离越小,则液体合金结晶的温度范围越窄,对铸件质量越有利,铸造合金长轩共晶或接近共晶的成分。合金流动性及缩孔性质与相图的关系如图3-2所示。

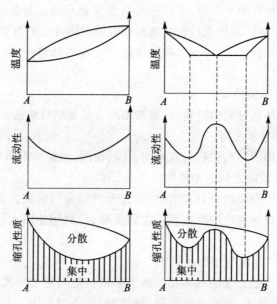

图 3-2 合金流动性及缩孔性质与相图的关系

单相固溶体合金具有较好的塑性和锻造性能,但切削加工性能一般较差。当合金为两相混合物时,其塑性变形能力差,特别是当组织中含有较多的硬脆相金属化合物时更是如此,但其切削加工性能要优于单相固溶体。

3. 铁碳合金的结晶

铁碳合金是碳素钢和铸铁的统称,是由过渡族金属元素铁(Fe)和非金属元素碳(C)组成的,是工业中应用最广的合金。铁碳合金相图是研究铁碳合金最基本的工具,是研究碳素钢和铸铁的成分、温度、组织及性能之间关系的理论基础,是制定热加工、热处理、冶炼和铸造等工艺的依据。

1) 铁碳合金的基本相

在工程中,一般研究的铁碳合金实际上都是由铁(Fe)与渗碳体(Fe_3C)两个组元构成的。铁碳合金的基本相主要有液相(L)、高温铁素体相(δ)、铁素体相(F)、渗碳体相(Fe_3C 相)、奥氏体相(A)。

2) 铁碳合金相图

铁和碳构成的相图中,渗碳体(Fe_3C)中 $w_C=6.69\%$。$w_C>6.69\%$ 的铁碳合金脆性很大,没有工程意义。常用的铁碳合金相图如图3-3所示。

3) 铁碳合金的平衡结晶过程与室温平衡组织

(1) 工业纯铁($w_C<0.0218\%$)

结晶过程:液相(L)随温度降低,结晶为高温铁素体(δ)。温度下降到某一点,全

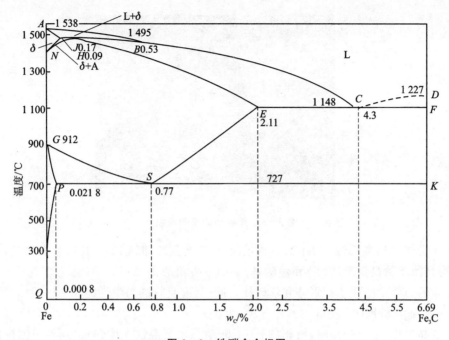

图3-3 铁碳合金相图

部转变为奥氏体(A)。继续降低,奥氏体(A)转变为铁素体(F),降低到室温时,在铁素体(F)晶界处析出极少量三次渗碳体(Fe_3C_{III})。

平衡组织:铁素体(F)+三次渗碳体(Fe_3C_{III}),如图3-4所示。

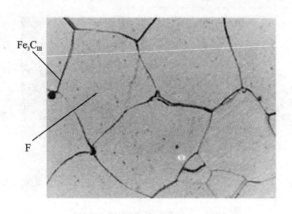

图3-4 工业纯铁的平衡组织

(2) 共析钢($w_C=0.77\%$)

结晶过程:温度降低到某一温度时,液相(L)结晶为奥氏体(A)。冷却到727 ℃时,发生共析反应,产物为珠光体(P)。

平衡组织:珠光体(P),如图3-5所示。

图 3-5 共析钢的平衡组织

珠光体(P):奥氏体(A)中的碳含量为 0.77 %且冷却到 727 ℃时,会发生共析反应,得到的产物是铁素体(F)和渗碳体(Fe_3C)两相的机械混合物,称为珠光体(P)。珠光体的力学性能介于铁素体和渗碳体之间,具有良好的力学性能。

(3) 亚共析钢(0.021 8 %<w_C<0.77 %)

结晶过程:合金冷却时,液相(L)中不断结晶出高温铁素体(δ)。到某一温度时,发生包晶反应,生成奥氏体(A),此时奥氏体(A)的含碳量小于 0.77 %。随着温度的降低,奥氏体(A)中不断析出铁素体(F)。到 727 ℃时,奥氏体(A)的含碳量为 0.77 %,发生共析反应,产物为珠光体(P),析出的铁素体(F)不变,直到室温。

平衡组织:珠光体(P)+铁素体(F),如图 3-6 所示。

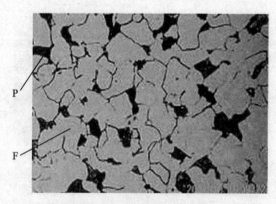

图 3-6 亚共析钢的平衡组织

(4) 过共析钢(0.77 %<w_C<2.11 %)

结晶过程:随着温度的降低,液相(L)结晶为奥氏体(A),此时奥氏体(A)的含碳量大于 0.77 %。温度继续降低,奥氏体(A)中不断析出二次渗碳体(Fe_3C_{II})。到 727 ℃时,奥氏体(A)的含碳量为 0.77 %,发生共析反应,产物为珠光体(P),析出的二次渗碳体(Fe_3C_{II})不变,直到室温。

平衡组织:珠光体(P)+渗碳体(Fe_3C_{II}),二次渗碳体呈网状分布包裹着珠光体晶粒,如图3-7所示。

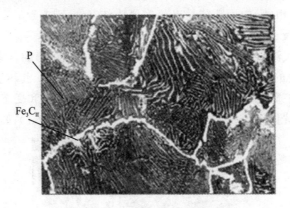

图3-7 过共析钢的平衡组织

(5) 共晶白口铁($w_C=4.3\%$)

结晶过程:液相(L)冷却到1 148 ℃时发生共晶反应,产物为高温莱氏体(Ld)。随着温度的下降,高温莱氏体(Ld)中的奥氏体(A)不断析出二次渗碳体(Fe_3C_{II}),到727 ℃时,奥氏体(A)的含碳量为0.77%,发生共析反应,产物为珠光体(P),而渗碳体不变。此时室温平衡组织为变态莱氏体(Ld')。

平衡组织:变态莱氏体(Ld'),如图3-8所示。

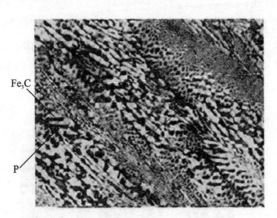

图3-8 共晶白口铁平衡组织

高温莱氏体(Ld):共晶白口铁由液相(L)冷却到1 148 ℃时发生共晶反应,转变为奥氏体(A)和共晶渗碳体(Fe_3C)的机械混合物,称为高温莱氏体(Ld)。

变态莱氏体(Ld'):共晶白口铁在1 148 ℃时共晶反应得到的高温莱氏体(Ld)继续冷却,奥氏体(A相)中的二次渗碳体(Fe_3C_{II})不断析出,到727 ℃时奥氏体(A相)的含碳量为0.77%,发生共析反应,得到的产物为由珠光体(P)、二次渗碳体(Fe_3C_{II})

和共晶渗碳体(Fe_3C)组成的机械混合物,称为低温莱氏体或变态莱氏体(Ld')。

(6) 亚共晶白口铁(2.11 % $<w_C<$ 4.3 %)

结晶过程:液相(L)中不断结晶出初生奥氏体$A_初$,到1 148 ℃时液相含碳量为4.3 %,发生共晶反应,产物为高温莱氏体(Ld),初生奥氏体$A_初$不变。随后奥氏体(A相)中析出二次渗碳体(Fe_3C_{II}),到727 ℃时奥氏体(A相)的含碳量为0.77 %,发生共析反应,得到的产物为珠光体(P)。高温莱氏体(Ld)也转变为变态莱氏体(Ld'),此时室温平衡组织为珠光体(P)、二次渗碳体(Fe_3C_{II})和变态莱氏体(Ld')。

平衡组织:珠光体(P)+二次渗碳体(Fe_3C_{II})+变态莱氏体(Ld'),如图3-9所示。

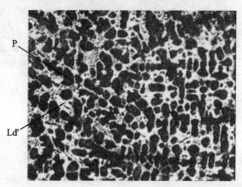

图3-9 亚共晶白口铁平衡组织

(7) 过共晶白口铁(4.3 % $<w_C<$ 6.69 %)

结晶过程:随着温度降低,液相(L)中不断析出一次渗碳体(Fe_3C_I)。到1 148 ℃时液相含碳量为4.3 %,发生共晶反应,产物为高温莱氏体(Ld),而一次渗碳体(Fe_3C_I)不变。随着温度的下降,高温莱氏体(Ld)中的奥氏体(A)不断析出二次渗碳体(Fe_3C_{II}),到727 ℃时,奥氏体(A)的含碳量为0.77 %,发生共析反应,产物为珠光体(P),而渗碳体不变。此时室温平衡组织为变态莱氏体(Ld')和一次渗碳体(Fe_3C_I)。

平衡组织:变态莱氏体(Ld')+一次渗碳体(Fe_3C_I),如图3-10所示。

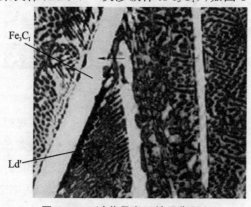

图3-10 过共晶白口铁平衡组织

4) 碳对铁碳合金的组织与性能的影响

(1) 含碳量对铁碳合金组织的影响

随着含碳量的增加,组织中的渗碳体不仅数量增加,形态也从分布在铁素体基体内的片状,变为包裹珠光体晶粒的网状,最后变成莱氏体中的渗碳体基体。

(2) 含碳量对力学性能的影响

含碳量对力学性能的影响如图 3-11 所示。铁素体强度、硬度低,塑形好,渗碳体则又硬又脆。一般亚共析钢随着含碳量的增加,碳钢的强度、硬度增加,而塑形、韧性降低。过共析钢中的渗碳体呈网状,增大了脆性,使得材料的强度降低,但硬度线性增加。当含碳量大于 2.11 %时,由于组织中出现以渗碳体为基体的莱氏体,材料太硬太脆,使得白口铁在工程上很少应用。

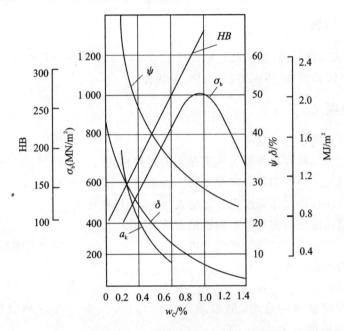

图 3-11 含碳量对力学性能的影响

(3) 含碳量对工艺性能的影响

- 切削性能　中碳钢的切削加工性能比较好。若含碳量过低,则不易断屑,且容易出现"粘刀"的现象,难以得到良好的加工表面。若含碳量过高,则硬度太大,刀具磨损严重,也不利于切削加工。一般的硬度为 170～250 HBW 的碳钢切削加工性能最好。

- 可锻性能　含碳量越低,塑形越好,锻造性能越好,所以低碳钢的可锻性能良好。奥氏体塑形好,易于变形,热压力加工都是要加热到奥氏体相区再进行加工。

- 铸造性能　共晶成分附近合金的结晶温度低,流动性好,铸造性能最好。

- 焊接性能　钢的塑形越好,焊接性能越好,所以低碳钢的焊接性能最好。
- 热处理性能　在碳素钢中,共析钢的过冷奥氏体最为稳定,淬火时更容易获得马氏体。

3.1.3　学习重点

$Fe-Fe_3C$ 相图的分析方法及应用;不同含碳量的铁碳合金的冷却结晶过程;碳含量与铁碳合金性能之间的关系。

3.2　习题与思考题

3.2.1　名词解释

一次结晶、二次结晶(重结晶)、过冷度、晶粒度、变质处理、相、相图、组织、铁碳合金相图、奥氏体、铁素体、渗碳体、珠光体、莱氏体。

3.2.2　填空题

1. 细化晶粒的主要方法有_____、_____、_____和_____。
2. 通常把金属从液态转变为固态晶态的过程称为_____。
3. 把金属从一种固态晶态转变为另一种固态晶态的过程称为_____。
4. 结晶只在理论结晶温度以下才能发生,这种现象称为_____。
5. 理论结晶温度与实际结晶温度的差值称为_____。
6. 任何一种物质的结晶过程都是由_____和_____两个基本过程组成的。
7. 晶核的形成方式主要有_____和_____两种。
8. 通常用_____和_____作为独立变量的相图来分析合金的结晶过程。
9. 组织为固溶体的合金,随溶质元素的增加,合金的强度和硬度也相应地_____,产生固溶强化。
10. 铁碳合金相图是研究碳素钢和铸铁的_____、_____、_____及_____之间关系的理论基础,是制定热加工、热处理、冶炼和铸造等工艺的依据。
11. 铁碳合金中的碳有_____、_____和_____三种存在形式。
12. 在通常使用的铁碳合金中,基本相主要有_____、_____、_____、_____和_____五个基本相。
13. 纯铁在 1 200 ℃时晶体结构为_____,在 800 ℃时晶体结构为_____。
14. _____是碳与 $\gamma-Fe$ 形成的间隙固溶体,具有面心立方结构。
15. _____是碳与 $\delta-Fe$ 形成的间隙固溶体,具有体心立方结构。
16. _____是碳与 $\alpha-Fe$ 形成的间隙固溶体,具有体心立方结构。
17. 奥氏体的力学性能是_____和_____较低,_____和_____较高。

18. 渗碳体是铁和碳形成的间隙化合物,其力学性能_____和_____都很高。

19. 奥氏体和渗碳体的共晶组织称为_____。

20. 铁素体和渗碳体形成的机械混合物称为_____。

21. 过共析钢中的二次渗碳体呈_____,包裹着珠光体组织。

22. 金属结晶时,冷却速度越快,则晶粒越_____。

23. 随着固溶体中溶质原子含量增加,固溶体的强度、硬度_____。

24. 金属的实际结晶温度_____其理论结晶温度,这种现象称为过冷。

25. 理论结晶温度与实际结晶温度之差 ΔT 称为_____。

26. 共析钢的室温平衡组织为_____。

27. 珠光体是_____和_____混合在一起形成的机械混合物。

28. 碳溶解在_____中所形成的_____称为铁素体。

29. 在 $Fe-Fe_3C$ 相图中,共晶点的含碳量为_____,共析点的含碳量为_____。

30. 低温莱氏体是_____和_____组成的机械混合物。

31. 高温莱氏体是_____和_____组成的机械混合物。

32. 铸锭可由三个不同外形的晶粒区组成,即_____、_____和心部等轴晶粒区。

33. 在 $Fe-Fe_3C$ 相图中,共晶转变温度是_____,共析转变温度是_____。

3.2.3 判断题

1. 渗碳体是钢中常见的固溶体相。   （   ）
2. α-Fe 的晶格类型为体心立方晶格。   （   ）
3. γ-Fe 的晶格类型为面心立方晶格。   （   ）
4. 铁素体的力学性能特点是塑性、韧性好。   （   ）
5. 渗碳体的力学性能特点是硬度高、脆性大。   （   ）
6. 碳溶解在 α-Fe 中所形成的间隙固溶体称为奥氏体。   （   ）
7. 碳溶解在 γ-Fe 中所形成的间隙固溶体称为铁素体。   （   ）
8. 珠光体的本质是铁素体和渗碳体的机械混合物。   （   ）
9. 共析钢的退火组织为 P(或珠光体)。   （   ）
10. 亚共析钢的含碳量越高,其室温平衡组织中的珠光体量越多。   （   ）
11. 在室温平衡状态下,碳钢随着其含碳量的增加,韧、塑性下降。   （   ）
12. 在铁碳合金的室温平衡组织中,渗碳体相的含量随着含碳量增加而增加。
                                                              （   ）
13. 物质从液体状态转变为固体状态的过程称为结晶。   （   ）
14. 金属结晶后晶体结构不再发生变化。   （   ）

15. 液态金属结晶时的冷却速度越快,过冷度就越大,形核率和长大率都增大,故晶粒就粗大。( )

16. 液态金属冷却到结晶温度时,液态金属中立即就有固态金属结晶出来。( )

17. 金属的同素异构转变同样是通过金属原子的重新排列来完成的,故称其为再结晶。( )

18. 物质从液态转变为固态的过程称为结晶。( )

19. 在一般情况下,金属结晶后晶粒越细小,则其强度越好,而塑性和韧性越差。( )

20. 铁素体是碳溶解在 $\alpha-Fe$ 中所形成的置换固溶体。( )

21. 铁素体是碳溶解在 $\gamma-Fe$ 中所形成的间隙固溶体。( )

22. 钢中的含硫量增加,其钢的热脆性增加。( )

23. 钢中的含磷量增加,其钢的热脆性增加。( )

24. 渗碳体是一种不稳定化合物,容易分解成铁和石墨。( )

25. GS 线表示由奥氏体冷却时析出铁素体的开始线,通称 A_{cm} 线。( )

26. GS 线表示由奥氏体冷却时析出铁素体的开始线,通称 A_3 线。( )

27. PSK 线叫共析线,通称 A_{cm} 线。( )

28. PSK 线叫共析线,通称 A_3 线。( )

29. 过共析钢结晶的过程是:L—L+A—A—A+Fe_3C_{II}—P+Fe_3C_{II}。( )

30. 铁素体是碳溶解在 $\alpha-Fe$ 中所形成的间隙固溶体。( )

31. 奥氏体是碳溶解在 $\gamma-Fe$ 中所形成的间隙固溶体。( )

32. ES 线是碳在奥氏体中的溶解度变化曲线,通称 A_{cm} 线。( )

33. ES 线是碳在奥氏体中的溶解度变化曲线,通称 A_1 线。( )

34. 奥氏体是碳溶解在 $\gamma-Fe$ 中所形成的置换固溶体。( )

35. 在 $Fe-Fe_3C$ 相图中的 ES 线是碳在奥氏体中的溶解度变化曲线,通常称为 A_3 线。( )

36. 共析钢结晶的过程是:L—L+A—A—P。( )

37. 在 $Fe-Fe_3C$ 相图中的 ES 线是表示由奥氏体冷却时析出铁素体的开始线,通称 A_{cm} 线。( )

38. GS 线表示由奥氏体冷却时析出铁素体的开始线,通称 A_1 线。( )

39. 亚共析钢结晶的过程是:L—L+A—A—F+A—F+P。( )

40. 过共析钢缓冷到室温时,其平衡组织由铁素体和二次渗碳体组成。( )

41. 亚共晶白口铁缓冷到室温时,其平衡组织由铁素体、二次渗碳体和莱氏体组成。( )

42. 在亚共析钢平衡组织中,随含碳量的增加,则珠光体量增加,而二次渗碳体量在减少。( )

43. 过共晶白口铁缓冷到室温时,其平衡组织由珠光体和莱氏体组成。（　）
44. 在铁碳合金相图中,钢的部分随含碳量的增加内部组织发生变化,则其塑性和韧性指标随之提高。（　）
45. 在铁碳合金相图中,奥氏体在1 148 ℃时,溶碳能力可达4.3 %。（　）
46. 碳溶解在α-Fe中可形成的间隙固溶体称为奥氏体,其溶碳能力在727 ℃时为0.021 8 %。（　）
47. 在铁碳合金相图中,铁素体在727 ℃时,溶碳能力可达2.11 %。（　）
48. 在过共析钢中含碳量越多,则其组织中的珠光体量减少,而铁素体量在增多。（　）
49. 碳溶解在γ-Fe中所形成的间隙固溶体称为铁素体,其溶碳能力在727 ℃时为0.77 %。（　）
50. 亚共析钢缓冷到室温时,其平衡组织由铁素体和二次渗碳体组成。（　）
51. 珠光体是由奥氏体和渗碳体所形成的机械混合物,其平均含碳量为0.77 %。（　）
52. 在铁碳合金相图中,ES线是碳在奥氏体中的溶解度变化曲线,通称A_1线。（　）
53. 碳素工具钢的牌号,如T8、T12,该数字表示钢的最低冲击韧性值。（　）
54. 奥氏体化的共析钢缓慢冷却到室温时,其平衡组织为莱氏体。（　）
55. 在实际金属和合金中,自发生核常常起着优先和主导的作用。（　）
56. 一个合金的室温组织为α+β_{II}+(α+β),它由三相组成。（　）
57. 20钢比T12钢的碳质量分数要高。（　）
58. 在退火状态(接近平衡组织),45钢比20钢的塑性和强度都高。（　）
59. 在铁碳合金平衡结晶过程中,只有碳质量分数为4.3 %的铁碳合金才能发生共晶反应。（　）

3.2.4　单项选择题

1. 钢中的二次渗碳体是指从(　　)中析出的渗碳体。
A. 从钢液中析出的　　　　　　B. 从奥氏体中析出的
C. 从铁素体中析出的　　　　　D. 从马氏体中析出的
2. 碳钢的下列各组织中,哪个是复相组织?(　　)
A. 珠光体　　　B. 铁素体　　　C. 渗碳体　　　D. 马氏体
3. 常见金属铜室温下的晶格结构类型(　　)。
A. 与Zn相同　　B. 与δ-Fe相同　C. 与γ-Fe相同　D. 与α-Fe相同
4. 金属锌室温下的晶格类型为(　　)。
A. 体心立方晶格　B. 面心立方晶格　C. 体心六方晶格　D. 密排六方晶格
5. 间隙固溶体与间隙化合物的(　　)。

A. 结构相同、性能不同　　　　　　　　B. 结构不同、性能相同
C. 结构和性能都相同　　　　　　　　　D. 结构和性能都不相同
6. 固溶强化的基本原因是(　　)。
A. 晶格类型发生变化　　　　　　　　B. 晶粒变细
C. 晶格发生滑移　　　　　　　　　　D. 晶格发生畸变
7. 固溶体和它的纯金属组元相比(　　)。
A. 强度高,塑性也高些　　　　　　　B. 强度高,但塑性低些
C. 强度低,塑性也低些　　　　　　　D. 强度低,但塑性高些
8. 过冷度是金属结晶的驱动力,它的大小主要取决于(　　)。
A. 化学成分　　　B. 冷却速度　　　C. 晶体结构　　　D. 加热温度
9. 同素异构转变伴随着体积的变化,其主要原因是(　　)。
A. 晶粒度发生变化　　　　　　　　　B. 过冷度发生变化
C. 晶粒长大速度发生变化　　　　　　D. 致密度发生变化
10. 利用杠杆定律可以计算合金中相的相对质量,杠杆定律适用于(　　)。
A. 单相区　　　B. 两相区　　　C. 三相区　　　D. 所有相区
11. 共晶反应是指(　　)。
A. 液相→固相1＋固相2　　　　　　B. 固相→固相1＋固相2
C. 从一个固相内析出另一个固相　　　D. 从一个液相内析出另一个固相
12. 共析成分的合金在共析反应 γ→(α+β) 刚结束时,其相组分为(　　)。
A. (α+β)　　　B. α+β　　　C. γ+α+β　　　D. γ+(α+β)
13. 具有匀晶型相图的单相固溶体合金(　　)。
A. 铸造性能好　　B. 焊接性能好　　C. 锻造性能好　　D. 热处理性能好
14. 在 912 ℃以下具有体心立方晶格的铁称为(　　)。
A. γ-Fe　　　B. δ-Fe　　　C. α-Fe　　　D. β-Fe
15. 具有面心立方晶格的铁称为(　　)。
A. γ-Fe　　　B. β-Fe　　　C. α-Fe　　　D. δ-Fe
16. 下列组织中,硬度最高的是(　　)。
A. 铁素体　　　B. 渗碳体　　　C. 珠光体　　　D. 奥氏体
17. 铁素体的力学性能特点是(　　)。
A. 强度高,塑性好,硬度高　　　　　　B. 强度低,塑性差,硬度低
C. 强度高,塑性好,硬度低　　　　　　D. 强度低,塑性好,硬度低
18. 碳在铁素体中的最大溶解度为(　　)。
A. 0.021 8 %　　B. 2.11 %　　C. 0.77 %　　D. 4.3 %
19. 碳在奥氏体中的最大溶解度为(　　)。
A. 0.77 %　　B. 0.021 8 %　　C. 2.11 %　　D. 4.3 %
20. 奥氏体是(　　)。

A. C在γ-Fe中的间隙固溶体　　　　B. C在α-Fe中的间隙固溶体
C. C在α-Fe中的无限固溶体　　　　D. C在γ-Fe中的无限固溶体
21. 渗碳体的力学性能特点是(　　)。
A. 硬而韧　　　　B. 硬而脆　　　　C. 软而韧　　　　D. 软而脆
22. 下列组织中,硬度最高的是(　　)。
A. 渗碳体　　　　B. 珠光体　　　　C. 铁素体　　　　D. 奥氏体
23. 铁碳合金中,共晶转变的产物称为(　　)。
A. 铁素体　　　　B. 珠光体　　　　C. 奥氏体　　　　D. 莱氏体
24. 共析反应是指(　　)。
A. 液相→固相1＋固相2　　　　B. 固相→固相1＋固相2
C. 从一个固相内析出另一个固相　　　　D. 从一个液相内析出另一个固相
25. 一次渗碳体是从(　　)。
A. 奥氏体中析出的　　　　B. 铁素体中析出的
C. 珠光体中析出的　　　　D. 钢液中析出的
26. 二次渗碳体是从(　　)。
A. 铁素体中析出的　　　　B. 钢液中析出的
C. 奥氏体中析出的　　　　D. 珠光体中析出的
27. 珠光体是一种(　　)。
A. 两相混合物　　　　B. 单相固溶体
C. Fe与C的化合物　　　　D. 金属间化合物
28. 亚共析钢的含碳量越高,其平衡组织中的珠光体量(　　)。
A. 越多　　　　B. 越少　　　　C. 不变　　　　D. 无规律
29. 下列材料中,平衡状态下强度最高的是(　　)。
A. T9　　　　B. Q195　　　　C. 45　　　　D. T7
30. 平衡状态下抗拉强度最高的材料是(　　)。
A. T9　　　　B. 65　　　　C. 20　　　　D. 45
31. 下列碳钢在平衡状态下,硬度最高的材料是(　　)。
A. T10　　　　B. T8　　　　C. 45　　　　D. 20
32. 平衡状态下硬度最高的材料是(　　)。
A. 20　　　　B. T12　　　　C. Q235　　　　D. 65
33. 下列碳钢在平衡状态下,硬度最低的材料是(　　)。
A. T7　　　　B. T12　　　　C. 15　　　　D. 45
34. 平衡状态下硬度最低的材料是(　　)。
A. Q235　　　　B. T9　　　　C. 45　　　　D. T13
35. 下列碳钢在平衡状态下,塑性最差的材料是(　　)。
A. 25　　　　B. T12　　　　C. T9　　　　D. 65

36. 平衡状态下塑性最差的材料是(　　)。
　　A. 60　　　　　B. 45　　　　　C. T10　　　　　D. 20
37. 下列碳钢在平衡状态下,塑性最好的材料是(　　)。
　　A. T9　　　　　B. T12　　　　C. 15　　　　　D. 65
38. 下列材料中,平衡状态下塑性最好的材料是(　　)。
　　A. 45　　　　　B. T8　　　　　C. 20　　　　　D. T12
39. 平衡状态下冲击韧性最好的材料是(　　)。
　　A. Q195　　　　B. T7　　　　　C. T10　　　　　D. 45
40. 下列碳钢在平衡状态下,韧性最差的材料是(　　)。
　　A. Q215　　　　B. T12　　　　C. 30　　　　　D. T8
41. 下列碳钢在平衡状态下,韧性最差的材料是(　　)。
　　A. 40　　　　　B. T12　　　　C. Q215　　　　D. T8
42. 下列材料中,平衡状态下冲击韧性最差的材料是(　　)。
　　A. T7　　　　　B. T13　　　　C. 35　　　　　D. Q195
43. 下列材料中,平衡状态下冲击韧性最低的是(　　)。
　　A. T10　　　　B. 20　　　　　C. 45　　　　　D. T8
44. 铁素体是碳溶解在(　　)中所形成的间隙固溶体。
　　A. α-Fe　　　B. γ-Fe　　　C. δ-Fe　　　D. β-Fe
45. 奥氏体是碳溶解在(　　)中所形成的间隙固溶体。
　　A. α-Fe　　　B. γ-Fe　　　C. δ-Fe　　　D. β-Fe
46. 渗碳体是一种(　　)。
　　A. 稳定化合物　　B. 不稳定化合物　　C. 介稳定化合物　　D. 易转变化合物
47. 在 Fe-Fe$_3$C 相图中,钢与铁的分界点的含碳量为(　　)。
　　A. 2%　　　　　B. 2.06%　　　　C. 2.11%　　　　D. 2.2%
48. 莱氏体是一种(　　)。
　　A. 固溶体　　　B. 金属化合物　　C. 机械混合物　　D. 单相组织金属
49. 在 Fe-Fe$_3$C 相图中,ES 线也称为(　　)。
　　A. 共晶线　　　B. 共析线　　　C. A_3 线　　　D. A_{c_m} 线
50. 在 Fe-Fe$_3$C 相图中,GS 线也称为(　　)。
　　A. 共晶线　　　B. 共析线　　　C. A_3 线　　　D. A_{c_m} 线
51. 在 Fe-Fe$_3$C 相图中,共析线也称为(　　)。
　　A. A_1 线　　　B. ECF 线　　　C. A_{c_m} 线　　　D. PSK 线
52. 珠光体是一种(　　)。
　　A. 固溶体　　　B. 金属化合物　　C. 机械混合物　　D. 单相组织金属
53. 在铁-碳合金中,当含碳量超过(　　)以后,钢的硬度虽然在继续增加,但强度却在明显下降。

A. 0.45 %　　　　B. 0.9 %　　　　C. 1.2 %　　　　D. 2.11 %

54. 通常铸锭可由三个不同外形的晶粒区组成,其晶粒区从表面到中心的排列顺序为(　　)。

A. 细晶粒区－柱状晶粒区－等轴晶粒区

B. 细晶粒区－等轴晶粒区－柱状晶粒区

C. 等轴晶粒区－细晶粒区－柱状晶粒区

D. 等轴晶粒区－柱状晶粒区－细晶粒区

55. 在 $Fe-Fe_3C$ 相图中,PSK 线也称为(　　)。

A. 共晶线　　　B. 共析线　　　C. A_3 线　　　D. A_{c_m} 线

56. 在 $Fe-Fe_3C$ 相图中,共析线的温度为(　　)。

A. 724 ℃　　　B. 725 ℃　　　C. 726 ℃　　　D. 727 ℃

57. 在铁碳合金中,共析钢的含碳量为(　　)。

A. 0.67 %　　　B. 0.77 %　　　C. 0.8 %　　　D. 0.87 %

3.2.5　综合题

1. 过冷度与冷却速度有何关系？它对金属结晶过程有何影响？对铸件晶粒大小有何影响？

2. 金属结晶的基本规律是什么？晶核的形成率和成长率受到哪些因素的影响？

3. 试述晶粒大小对材料机械性能有何影响？在铸造生产中,采用哪些措施控制晶粒大小？

4. 固溶体和金属间化合物在结构和性能上有什么主要差别？

5. 何谓共晶反应、包晶反应和共析反应？试比较这三种反应的异同点。

6. 何谓铁素体(F)、奥氏体(A)、渗碳体(Fe_3C)、珠光体(P)、莱氏体(Ld)？它们的结构、组织形态、性能等各有何特点？为什么碳钢进行热锻、热轧时都要加热到奥氏体区？

7. $Fe-Fe_3C$ 合金相图有何作用？在生产实践中有何指导意义？又有何局限性？

8. 画出 $Fe-Fe_3C$ 相图,指出图中 S、C、E、P、N、G 及 GS、SE、PQ、PSK 各点、线的意义,并标出各相区的相组成物和组织组成物。

9. 简述 $Fe-Fe_3C$ 相图中三个基本反应,包晶反应、共晶反应及共析反应,写出反应式,标出含碳量及温度。

10. 何谓碳素钢？何谓白口铁？两者的成分组织和性能有何差别？

11. 亚共析钢、共析钢和过共析钢的组织有何特点和异同点？

12. 分析含碳量分别为 0.20 %、0.60 %、0.80 %、1.0 % 的铁碳合金从液态缓冷至室温时的结晶过程和室温组织。

13. 指出下列名词的主要区别:

一次渗碳体、二次渗碳体、三次渗碳体、共晶渗碳体与共析渗碳体。

14. Fe-C 合金中基本相有哪些？基本组织有哪些？

15. 根据 Fe-Fe₃C 相图，说明产生下列现象的原因：

① 含碳量为 1.0 % 的钢比含碳量为 0.5 % 的钢硬度高；

② 在室温下，含碳 0.8 % 的钢其强度比含碳 1.2 % 的钢高；

③ 在 1 100 ℃ 下，含碳 0.4 % 的钢能进行锻造，含碳 4.0 % 的生铁不能锻造；

④ 绑轧物件一般用铁丝（镀锌低碳钢丝），而起重机吊重物却用钢丝绳（用 60、65、70、75 等钢制成）；

⑤ 钳工锯 T8、T10、T12 等钢料时比锯 10、20 钢费力，锯条容易磨钝；

⑥ 钢适宜于通过压力加工成形，而铸铁适宜于通过铸造成形。

16. 简述钢的硬度、强度、塑性、韧性与含碳量的关系。

17. 图 3-12 为已简化的 Fe-Fe₃C 相图。

① 分析 E 点、ACD 线的含义。

② 分析含碳量为 0.45 % 的碳钢从液态至室温的结晶过程。

18. 图 3-13 为已简化的 Fe-Fe₃C 相图。

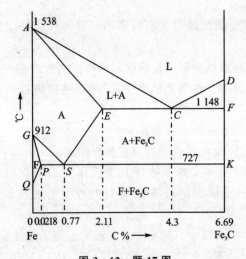
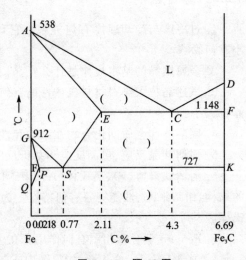

图 3-12 题 17 图　　　　　　图 3-13 题 18 图

① 分析 A 点、GS 线的含义；

② 填写（　）中相或组织的代号；

③ 分析含碳量为 0.77 % 的亚共析钢从液态至室温的结晶过程。

19. 图 3-14 为已简化的 Fe-Fe₃C 相图。

① 分析 E 点、SE 线的含义；

② 填写（　）中相或组织代号；

③ 分析含碳量为 1.0 % 的共析钢从液态至室温的结晶过程。

20. 图 3-15 为简化的 Fe-Fe₃C 相图。

① 指出 C 点、PSK 线的意义;
② 根据相图分析 T12 钢的结晶过程,指出 T12 钢的室温组织;

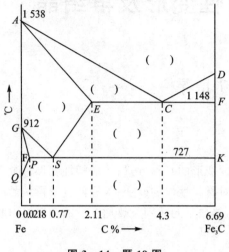

图 3-14 题 19 图

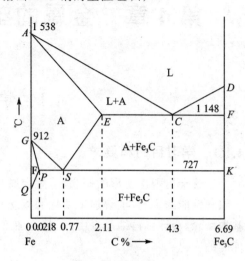

图 3-15 题 20 图

21. 二块钢样,退火后经显微组织分析,其组织组成物的相对含量如下:
第一块:珠光体占 40%,铁素体占 60%。
第二块:珠光体占 95%,二次渗碳体占 5%。
试问它们的含碳量约为多少?写出钢的牌号(铁素体含碳量可忽略不计)。

22. 如果其他条件相同,试比较在下列铸造条件下铸件晶粒的大小:
① 砂模浇注与金属模浇注;
② 变质处理与不变质处理;
③ 铸成厚件与铸成薄件;
④ 浇注时采用振动与不采用振动。

第 4 章　金属的塑性变形及再结晶

4.1　学习指导

4.1.1　学习目的和要求

了解金属塑性变形的概念,了解金属塑性变形的基本方式;了解塑性变形对金属组织和性能的影响;了解加工硬化的概念和对材料性能的改变;掌握回复及再结晶的基本概念,会计算再结晶温度;了解冷加工与热加工的区别及热加工后的金属组织和性能的变化。

4.1.2　内容提要

金属材料经冶炼浇注成铸锭后,大多数还要经过压力加工,才能获得具有一定形状、尺寸及力学性能的型材、零件毛坯或零件等。在压力加工过程中,金属材料将发生塑性变形,其外形尺寸、内部结构、组织及性能都会发生很大的变化。因此,在压力加工后还要进行热处理工艺,使其内部组织发生回复与再结晶,消除塑性变形带来的不利影响。

1. 金属的塑性变形

若加载应力超过材料的弹性极限,则卸载后,试样不会完全恢复原状,会留下一部分永久变形,这种永久变形称为塑性变形。

1) 单晶体的塑性变形

常温下,单晶体金属塑性变形的主要方式有滑移和孪生两种,其中滑移是最重要的变形方式。

(1) 滑　移

在切应力作用下,晶体一部分沿一定晶面(滑移面)和晶向(滑移方向)相对于另一部分发生的滑动称为滑移,如图 4-1 所示。

(2) 孪　生

在切应力作用下,晶体的一部分沿一定的晶面(孪生面)和晶向(孪生方向)相对于另一部分所发生的切变称为孪生,如图 4-2 所示。

2) 多晶体的塑性变形

多晶体存在大量的晶粒和晶界,各晶粒位向不同,每个晶粒变形还要受周围晶粒和晶界的制约,每个晶粒都不是处于独立的自由变形状态。因此,多晶体的塑性变形

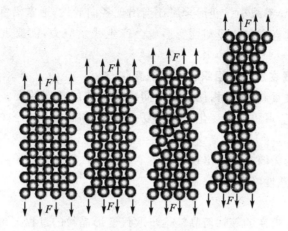

图 4-1 滑移过程示意图

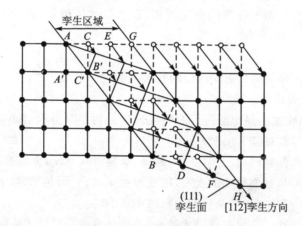

图 4-2 孪生变形示意图

要比单晶体的塑性变形困难和复杂得多。尽管如此,多晶体金属的塑性变形与单晶体金属的变形方式基本相同,仍为滑移和孪生。

3) 塑性变形对金属组织和性能的影响

(1) 塑性变形对金属组织的影响

塑性变形后,各晶粒中出现大量的滑移带或孪晶带。晶粒的形状也由原来的等轴晶粒沿变形方向逐渐被拉长,而变为纤维状。

(2) 塑性变形对金属性能的影响

随着塑性变形的增加,变形金属会出现加工硬化的现象。即随着变形量的增加,晶体的强度、硬度提高,塑性、韧性降低的现象称为加工硬化。加工硬化是变形金属材料的一种强化方法。

(3) 其他性能的变化

随着变形量的增加,金属的电阻率增大,电阻温度系数降低,磁滞与矫顽力略有增大而磁导率、热导率减小。变形金属还会出现各向异性,通常沿纤维长度方向的强度和塑性远大于垂直方向。经塑性变形也会产生残余应力,需要进行热处理来消除内应力。

2. 冷变形金属在加热时组织和性能的变化

当变形金属被重新加热时,便自发地向冷变形前的状态转变。根据其显微组织及性能的变化情况,可将这种变化分为回复、再结晶和晶粒长大三个阶段。

1) 回 复

回复是指新的无畸变晶粒出现前产生亚结构和性能变化的阶段。回复阶段强度和硬度略有降低,塑性略有升高。

2) 再结晶

再结晶是指无畸变的等轴新晶粒逐步取代变形晶粒的过程。再结晶发生在一个温度范围之内,能够发生再结晶的最低温度称为再结晶温度。再结晶过程在生产上主要用于冷塑性变形加工过程的中间处理,以消除加工硬化,便于下道工序的继续进行。

3) 晶粒长大

晶粒长大是指再结晶结束后晶粒的长大过程。

4) 再结晶退火后的晶粒度

工业上,把消除加工硬化所进行的热处理称为再结晶退火。影响再结晶退火后晶粒大小的主要因素有以下几个方面。

- 加热时间和保温时间　加热时间越高,保温时间越长,金属的晶粒越大。
- 预变形度　超过临界变形度后,随变形度增大,变形越来越均匀,再结晶时形核量大且均匀,使再结晶后的晶粒细小且均匀。
- 原始晶粒尺寸　原始晶粒尺寸越小,再结晶后的晶粒尺寸越细小。
- 杂质　金属中的杂质将会使再结晶后的晶粒变小。

5) 金属的热加工

热加工和冷加工是以再结晶温度划分的。在低于金属再结晶温度以下进行的塑性变形称为冷加工,而在高于再结晶温度以上进行的塑性变形称为热加工。

热加工的特点:

- 热加工变形时,变形抗力较低,消耗能量较少;
- 热加工变形时,其塑性提高,产生断裂的倾向性减小;
- 在生产过程中不需要进行中间退火,简化生产工序,提高生产效率;
- 对于薄壁零件,由于散热较快,故保持热加工的温度条件比较困难;
- 热加工后零件表面不如冷加工表面的尺寸精度高,表面粗糙度低;
- 热加工后产品的组织及性能不如冷加工时均匀。

热加工对组织与性能的影响:

- 消除铸态组织缺陷;

- 细化晶粒;
- 形成纤维组织;
- 形成带状组织。

4.1.3 学习重点

金属塑性变形的概念,金属塑性变形的基本方式;塑性变形对金属组织和性能的影响;加工硬化的概念;回复及再结晶的基本概念,冷加工与热加工的基本概念。

4.2 习题与思考题

4.2.1 名词解释

塑性变形、滑移、孪生、加工硬化、回复、再结晶、热加工。

4.2.2 填空题

1. 金属材料经塑性变形后,强度、硬度升高,而塑性下降的现象称为_____。
2. 金属材料冷热加工的界限是_____;钨在 1 100 ℃ 的塑性变形加工属于_____加工。(其中钨的熔点是 3 410 ℃)。
3. 单晶体的塑性变形主要以_____和_____的方式进行。
4. 再结晶后晶粒的大小主要取决于_____和_____。
5. 变形金属在加热时组织与性能的变化,随加热温度不同,大致可分为_____、_____和_____三个阶段。

4.2.3 判断题

1. 金属的塑性变形主要通过滑移和孪生进行。 (   )
2. 金属中晶界的存在使金属的强度降低。 (   )
3. 铸件可用再结晶退火来细化晶粒。 (   )
4. 加工硬化是指在冷变形加工后的金属,产生碎晶、位错密度增加,提高了其强度的现象。 (   )
5. 变形金属在加热发生回复时,其组织和力学性能都将恢复到变形前的状态。 (   )
6. 加工硬化可以在一定程度上提高零件在使用过程中的安全性。 (   )
7. 金属的预变形度越大,其再结晶后的晶粒尺寸越大。 (   )
8. 变形金属在加热发生回复时,其性能的主要变化之一是塑性明显提高。 (   )
9. 再结晶虽然包含形核和长大过程,但它不是一个相变过程。 (   )

10. 塑性变形就是提高材料塑性的变形。　　　　　　　　　　　　　　(　　)
11. 锡在室温下的加工是冷加工,钨在 1 000 ℃下的变形加工是热加工。
　　　　　　　　　　　　　　　　　　　　　　　　　　　　　　(　　)
12. 再结晶就是重结晶。　　　　　　　　　　　　　　　　　　　　(　　)
13. 再结晶退火温度就是最低再结晶温度。　　　　　　　　　　　　(　　)

4.2.4　单项选择题

1. 金属的塑性变形主要是通过下列哪种方式进行的(　　)。
   A. 晶粒的相对滑动　　　　　　　　B. 晶格的扭折
   C. 滑移和孪生　　　　　　　　　　D. 位错类型的改变
2. 精密零件为了提高尺寸稳定性,在冷加工后应进行(　　)。
   A. 再结晶退火　　　　　　　　　　B. 完全退火
   C. 均匀化退火　　　　　　　　　　D. 去应力退火
3. 冷塑性变形使金属(　　)。
   A. 强度增大,塑性减小　　　　　　B. 强度减小,塑性增大
   C. 强度增大,塑性增大　　　　　　D. 强度减小,塑性减小
4. 加工硬化现象的最主要原因是(　　)。
   A. 晶粒破碎细化　　　　　　　　　B. 位错密度增加
   C. 晶粒择优取向　　　　　　　　　D. 形成纤维组织
5. 某厂用冷拉钢丝绳吊运出炉热处理工件去淬火,钢丝绳承载能力远超过工件的重量,但在工件吊运过程中,钢丝绳发生断裂,其断裂原因是由于钢丝绳(　　)。
   A. 产生加工硬化　　B. 超载　　C. 形成带状组织　　D. 发生再结晶
6. 冷变形金属再结晶后(　　)。
   A. 形成柱状晶,强度升高　　　　　B. 形成柱状晶,塑性下降
   C. 形成等轴晶,强度增大　　　　　D. 形成等轴晶,塑性增大
7. 为消除金属在冷变形后的加工硬化现象,需进行的热处理为(　　)。
   A. 扩散退火　　B. 球化退火　　C. 再结晶退火　　D. 完全退火
8. 为改善冷变形金属塑性变形的能力,可采用(　　)。
   A. 低温退火　　B. 再结晶退火　　C. 二次再结晶退火　　D. 变质处理
9. 从金属学的观点来看,冷加工和热加工的温度界限区分是(　　)。
   A. 相变温度　　B. 再结晶温度　　C. 结晶温度　　D. 25 ℃
10. 冷塑性变形所造成的加工硬化使金属的(　　)。
    A. 强度、硬度升高,塑性、韧性下降　　B. 强度、硬度下降,塑性、韧性升高
    C. 强度、塑性升高,硬度、韧性下降　　D. 强度、塑性下降,硬度、韧性升高
11. 热加工和冷加工的区别是(　　)。
    A. 热加工不形成纤维组织　　　　　B. 热加工不产生加工硬化

C. 热加工不发生再结晶　　　　　　D. 热加工不能改善金属的机械性能

12. 铝的熔点为 660 ℃,则其再结晶温度为(　　)。

A. 264 ℃　　　　B. 100 ℃　　　　C. 373 ℃　　　　D. 273 ℃

13. 实际生产中,碳钢的再结晶温度大致为(　　)。

A. 600～700 ℃　　B. 750～800 ℃　　C. 360～450 ℃　　D. 360 ℃以下

14. 能使单晶体产生塑性变形的应力为(　　)。

A. 正应力　　　　B. 切应力　　　　C. 原子活动力　　D. 复合应力

15. 冷变形后的金属,在加热过程中将发生再结晶,这种转变是(　　)。

A. 晶格类型的变化

B. 只有晶粒大小的变化,而无晶格的变化

C. 晶格类型和晶粒形状均无变化

D. 既有晶格类型变化,也有晶粒形状变化

16. 在室温下经轧制变形,50 ％的高纯铝的纤维组织是(　　)。

A. 沿轧制方向伸长的晶粒　　　　　B. 柱状晶粒

C. 等轴晶粒　　　　　　　　　　　D. 带状晶粒

17. 下列工艺操作正确的是(　　)。

A. 淬火加热时用冷拉强化的弹簧丝绳吊装大型零件入炉、出炉

B. 用冷拉强化的弹簧钢丝做沙发弹簧

C. 室温下可以将熔体丝拉成细丝而不采用中间退火

D. 铅的铸锭在室温下多次轧制成薄板,中间应进行再结晶退火

4.2.5　综合题

1. 金属经冷塑性变形后,组织和性能将发生什么变化?

2. 产生加工硬化的原因是什么? 加工硬化在金属加工中有什么利弊?

3. 划分冷加工和热加工的主要条件是什么?

4. 与冷加工比较,热加工给金属件带来的益处有哪些?

5. 分析加工硬化对金属材料的强化作用?

6. 已知金属钨、铁、铅、锡的熔点分别为 3 380 ℃、1 538 ℃、327 ℃、232 ℃,试计算这些金属的最低再结晶温度,并分析钨和铁在 1 100 ℃下的加工、铅和锡在室温(20 ℃)下的加工各为何种加工?

7. 在制造齿轮时,有时采用喷丸法(即将金属丸喷射到零件表面上)使齿面得以强化。试分析强化原因。

8. 金属的再结晶和重结晶有何区别?

9. 晶体塑性变形的基本方式是什么? 实际金属塑性变形与单晶体塑性变形有什么异同?

10. 什么是冷变形金属的纤维组织? 与流线有何区别?

11. 什么是残余内应力？各类残余内应力是怎么产生的？对金属材料有什么影响？

12. 什么是回复？回复对变形金属有什么作用？在工业生产中有什么用处？

13. 什么是再结晶？再结晶对变形金属有什么作用？在工业生产中有什么用处？

14. 热变形加工与冷变形加工是依据什么来区分的？两种变形加工各有什么优缺点？

15. 室温下对铅板进行折弯，越弯越硬，而稍隔一段时间再进行折弯，铅板又像最初一样柔软，这是什么原因？

16. 有四个外形完全相同的齿轮，所用材质也都是 $w_C = 0.45\%$ 的优质碳素钢。但是制作方法不同，它们分别是：①直接铸出毛坯，然后切削加工成形。②从热轧厚钢板上取料，然后切削加工成形。③从热轧圆钢上取料，然后切削加工成形。④从热轧圆钢上取料后锻造成毛坯，然后切削加工成形。请你分析一下，哪个齿轮使用效果应该最好？哪个应该最差？

第 5 章 钢的热处理

5.1 学习指导

5.1.1 学习目的和要求

掌握钢的热处理的基本概念;掌握过冷奥氏体的等温转变和连续冷却转变时碳钢的组织转变过程与产物;掌握常用热处理工艺方法的原理、工艺及应用范围。

5.1.2 内容提要

热处理是将固态金属在一定介质中加热、保温和冷却,以改变整体或表面组织,从而获得所需性能的工艺,热处理后材料的力学性能会发生很大的变化。

1. 热处理的分类

根据加热、冷却方式及金属的组织、性能变化特点的不同,热处理工艺可有如下分类:

- ➢ 普通热处理 包括退火、正火、淬火和回火。
- ➢ 化学热处理 包括渗碳、渗氮(氮化)、碳氮共渗、渗铝等。
- ➢ 特种热处理 包括表面热处理、真空热处理、形变热处理、激光热处理、时效处理等。

2. 钢在加热时的组织转变

1) 钢的临界温度

钢能够进行热处理的依据就是钢在固态加热、保温和冷却过程中,会发生一系列组织结构的转变,这种发生组织转变所对应的温度即相变温度,称为临界点,它是制定热处理工艺时选择加热和冷却温度的依据,如图 5-1 所示。

2) 奥氏体的形成

钢在加热过程中,由加热前的组织转变为奥氏体的过程称为奥氏体化。共析钢的奥氏体化的形成过程分为奥氏体的形核、奥氏体的长大、残余渗碳体的溶解和奥氏体成分的均匀化四个阶段。

3) 奥氏体的晶粒大小及控制

钢的奥氏体化的目的是获得成分均匀、晶粒大小一定的奥氏体组织。奥氏体化刚结束时的晶粒度称起始晶粒度。在给定温度下所得到的实际奥氏体的晶粒大小称实际晶粒度。通常将钢加热到 (930 ± 10) ℃、保温 $3 \sim 8$ h 后所得到的奥氏体实际晶

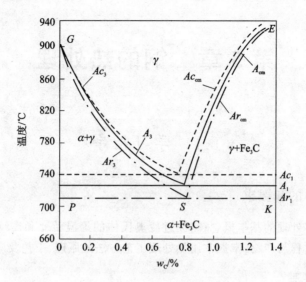

图 5-1 钢的相变临界温度

粒的大小称本质晶粒度。

- 加热温度和保温时间的影响 加热温度越高,保温时间越长,奥氏体晶粒将越粗大。
- 加热速度的影响 加热速度越快时可以获得更细小的起始晶粒。
- 钢的含碳量的影响 钢中碳含量增加时奥氏体晶粒长大倾向增大。
- 合金元素的影响 钢中加入适量的形成难熔化合物的合金元素,如 Ti、Zr、V、Al、Nb、Ta 等,将强烈地阻碍奥氏体晶粒长大,使奥氏体晶粒粗化温度显著升高。
- 原始组织的影响 原始组织主要影响起始晶粒度。

3. 钢在冷却时的组织转变

处于临界点 A_1 以下的奥氏体称过冷奥氏体。过冷奥氏体的转变方式有等温转变和连续冷却转变两种。

共析钢过冷奥氏体的等温转变图又称"C 曲线",如图 5-2 所示。随过冷度不同,过冷奥氏体将发生珠光体转变、贝氏体转变和马氏体转变三种类型转变。

过冷奥氏体在 A_1 到 550 ℃温度范围内等温停留时发生珠光体转变;过冷奥氏体在 550 ℃~230 ℃(M_s)间将转变为贝氏体类型组织;当冷却速度大于 V_k 时,奥氏体过冷到 M_s 点以下,奥氏体开始发生的转变为马氏体转变,组织产物为马氏体。

影响等温转变图的因素主要有:

- 碳的影响 在正常加热条件下,亚共析钢的等温转变图随碳含量的增加向右移;过共析钢的等温转变图,随碳含量的增加向左移。
- 合金元素的影响 除钴以外,所有溶入奥氏体的合金元素均提高了过冷奥氏体的稳定性,使等温转变图向右移。

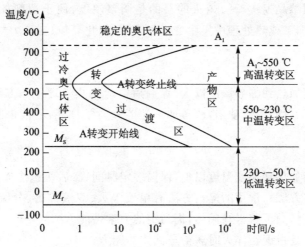

图 5-2 共析钢过冷奥氏体的等温转变图

- 奥氏体化条件的影响 奥氏体化时,加热温度的高低和保温时间的长短,都会影响到奥氏体晶粒的大小和成分的均匀程度。
- 塑性形变的影响 对奥氏体进行塑性变形,由于形变可促进碳和铁原子的扩散,因此都将加速珠光体的转变。

共析钢过冷奥氏体连续冷却转变图又称"CCT 曲线",如图 5-3 所示。

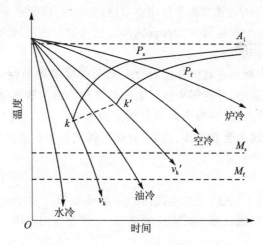

图 5-3 共析钢过冷奥氏体的连续冷却转变图

4. 钢的普通热处理

钢的普通热处理是指钢的退火、正火、淬火和回火等。

1) 退 火

退火是将钢加热到相变温度以上或以下,较长时间保温并缓慢冷却的一种工艺方法。常见的退火方法有完全退火、不完全退火、球化退火、等温退火、均匀化退火、去应力退火及再结晶退火等。退火的目的是调整硬度,便于切削加工;消除残余应力,防止在后续加工或热处理中发生变形和开裂;细化晶粒,提高力学性能,为最终热处理做准备。

2) 正　火

正火是将钢加热到临界温度以上,保温后空冷的热处理工艺方法。正火可细化晶粒,消除热加工后的组织缺陷,改善加工性能和力学性能,还能消除过共析钢组织中的网状渗碳体。

3) 淬　火

淬火是将钢加热到相变温度以上,保温一定时间,然后快速冷却以获得马氏体组织的热处理工艺方法。常用的淬火方法有单液淬火、双液淬火、分级淬火、等温淬火等。淬火的目的是为了获得马氏体,提高钢的力学性能。

钢的淬透性是指钢在淬火时获得马氏体的能力。

钢的淬硬性是指淬火后的马氏体所能达到的最高硬度,淬硬性主要取决于马氏体的含碳量。

4) 回　火

回火是将淬火后的钢加热到相变温度以下的适当温度,保温一定时间,而后空冷的热处理工艺方法。回火根据加热温度的不同分为低温回火、中温回火和高温回火。回火的目的是降低或消除淬火引起的残余应力,防止变形开裂;提高钢的塑性和韧性,降低脆性;调整钢制零件的性能以满足使用要求;稳定组织,以稳定工件的尺寸和形状。

调质处理是指对中碳钢或中碳合金钢淬火后再进行高温回火的工艺方法。

5. 钢的表面热处理

有些零件要求表面具有高的强度、硬度、疲劳强度及耐磨性,心部具有足够高的塑性、韧性及一定的强度,可对零件进行表面热处理。钢的表面热处理分为钢的表面淬火和化学热处理两大类,钢的表面淬火又分为感应加热表面淬火和火焰加热表面淬火两种,化学热处理主要有渗碳、渗氮(氮化)、碳氮共渗和渗铝等方法。

5.1.3　学习重点

钢的热处理的基本概念;过冷奥氏体的等温转变和连续冷却转变时碳钢的组织转变过程与产物;常用热处理工艺方法的原理、工艺及应用范围。

5.2　习题与思考题

5.2.1　名词解释

过冷奥氏体、奥氏体、残余奥氏体、珠光体、索氏体、屈氏体、贝氏体、马氏体、回火马氏体、淬透性、淬硬性、调质处理、退火、正火、淬火、回火、耐回火性、二次硬化、回火脆性、等温转变图、淬火临界冷却速度(V_k)、化学热处理、表面热处理、奥氏体的起始晶粒度、实际晶粒度、本质晶粒度。

5.2.2 填空题

1. 马氏体是碳在_____中的_____组织。

2. 在钢的热处理中,奥氏体的形成过程是由_____和_____两个基本过程来完成的。

3. 钢的中温回火的温度范围在_____,回火后的组织为_____。

4. 共析钢中奥氏体的形成过程是:奥氏体形核、奥氏体长大、_____和_____。

5. 钢的低温回火的温度范围在_____,回火后的组织为_____。

6. 在钢的回火时,随着回火温度的升高,淬火钢的组织转变可以归纳为以下四个阶段:马氏体的分解、残余奥氏体的转变、_____和_____。

7. 钢的高温回火的温度范围在_____,回火后的组织为_____。

8. 根据共析钢的 C 曲线,过冷奥氏体在 A_1 线以下等温转变所获得的组织产物是_____组织、_____组织和_____组织。

9. 常见钢的退火种类有:完全退火、_____、_____和_____等。

10. 材料在一定的淬火剂中能被淬透的_____越大,表示_____越好。

11. 化学热处理的基本过程均由以下三个阶段组成,即_____、活性原子被工件表面吸收和_____。

12. 马氏体的显微组织中,高碳马氏体呈_____状,低碳马氏体呈_____状。

13. 化学热处理都是通过_____、_____和_____三个基本过程完成的。

14. 常用的淬火冷却介质有_____、_____、_____和_____。

15. 钢的热处理是通过钢在固态下_____、_____和_____的操作,从而获得所需要的硬度的工艺方法。

16. 马氏体的转变温度范围是_____,马氏体的含碳量决定了_____。

17. 常用淬火方法有_____淬火、_____淬火、_____淬火和_____淬火。

18. 零件的最终热处理通常包括_____、_____、_____和_____等。

19. 钢的过冷奥氏体等温转变有_____转变、_____转变和_____转变三个类型。

20. 钢的淬透性取决于其成分,当加入除 Co 之外的合金元素时均能使钢的淬透性_____。

5.2.3 判断题

1. 表面淬火主要用于高碳钢。 (   )
2. 上贝氏体的韧性比下贝氏体好。 (   )
3. 马氏体的晶体结构和铁素体的相同。 (   )
4. 对过共析钢工件进行完全退火可消除渗碳体网。 (   )
5. 对低碳低合金钢进行正火处理可提高其硬度。 (   )
6. 淬火获得马氏体的必要条件之一是其淬火冷却速度必须小于 V_k。 (   )
7. 马氏体转变是非扩散性转变。 (   )
8. 所谓临界冷却速度就是指钢能获得完全马氏体组织的最小冷却速度。 (   )
9. 钢进行分级淬火的目的是为了得到下贝氏体组织。 (   )
10. 弹簧钢的最终热处理应是淬火＋低温回火。 (   )
11. 贝氏体转变是非扩散性转变。 (   )
12. 珠光体的片层间距越小,其强度越高,其塑性越差。 (   )
13. 钢的临界冷却速度 V_k 越大,则其淬透性越好。 (   )
14. 过共析钢的正常淬火一般均为不完全淬火。 (   )
15. 工件经渗碳处理后,应进行淬火及低温回火。 (   )
16. 工具钢淬火时,冷却速度越快,则所得组织中的残余奥氏体越多。 (   )
17. 凡能使钢的 C 曲线右移的合金元素均能增加钢的淬透性。 (   )
18. 感应加热表面淬火的淬硬深度与该钢的淬透性没有关系。 (   )
19. 同一钢材在相同加热条件下,水淬比油淬的淬透性好。 (   )
20. 珠光体的片层间距越小,其强度越高,其塑性越差。 (   )
21. 钢的淬透性与其实际冷却速度无关。 (   )
22. 亚共析钢的正常退火一般为不完全退火。 (   )
23. 碳钢淬火后回火时一般不会出现高温回火脆性。 (   )
24. 工件经氮化处理后不能再进行淬火。 (   )
25. 过共析钢经正常淬火后,马氏体的含碳量小于钢的含碳量。 (   )
26. 凡能使钢的临界冷却速度增大的合金元素均能减小钢的淬透性。 (   )
27. 马氏体的强度和硬度总是大于珠光体的。 (   )
28. 马氏体的硬度主要取决于淬火时的冷却速度。 (   )
29. 等温淬火的目的是为了获得下贝氏体组织。 (   )
30. 马氏体是碳溶入 $\gamma-Fe$ 中形成的过饱和固溶体。 (   )
31. 钢经热处理后,其组织和性能必然会改变。 (   )
32. 奥氏体的塑性比铁素体的高。 (   )
33. 马氏体转变是通过切变完成的,而不是通过形核和长大来完成的。 (   )

34. 采用等温淬火可获得晶粒大小均匀的马氏体。　　　　　　　　（　）
35. 亚共析钢经正火后,组织中的珠光体含量高于其退火组织中的。　（　）
36. 过共析钢用球化处理的方法可消除其网状渗碳体。　　　　　　（　）
37. 过冷奥氏体的冷却速度越快,钢件冷却后的硬度越高。　　　　（　）
38. 钢经淬火后处于硬脆状态。　　　　　　　　　　　　　　　　（　）
39. 钢中的合金元素含量愈多,则淬火后硬度愈高。　　　　　　　（　）
40. 为调整硬度,便于机械加工,低碳钢、中碳钢和低碳合金钢在锻造后都应采用正火处理。　　　　　　　　　　　　　　　　　　　　　　　　（　）
41. 不论含碳量高低,马氏体的硬度都很高,脆性都很大。　　　　（　）
42. 淬硬层深度是指由工件表面到马氏体区的深度。　　　　　　　（　）
43. 钢的回火温度应在 A_{c_1} 以上。　　　　　　　　　　　　　　　（　）
44. 钢奥氏体化时奥氏体的晶粒越粗大,则淬火所得到的马氏体也越粗大。
　　　　　　　　　　　　　　　　　　　　　　　　　　　　（　）
45. 钢的含碳量越高,则其淬火组织中所含的残余奥氏体越多。
　　　　　　　　　　　　　　　　　　　　　　　　　　　　（　）
46. 完全退火是将工件加热到 A_{c_m} 以上 30～50 ℃,保温一定的时间后,随炉缓慢冷却的一种热处理工艺。　　　　　　　　　　　　　　　　　（　）
47. 渗氮处理是将活性氮原子渗入工件表层,然后再进行淬火和低温回火的一种热处理方法。　　　　　　　　　　　　　　　　　　　　　　（　）
48. 马氏体转变温度区的位置主要与钢的化学成分有关,而与冷却速度无关。
　　　　　　　　　　　　　　　　　　　　　　　　　　　　（　）
49. 临界冷却速度是指过冷奥氏体向马氏体转变的最快的冷却速度。（　）
50. 弹簧经淬火和中温回火后的组织是回火索氏体。　　　　　　　（　）
51. 低碳钢和某些低碳合金钢,经球化退火后能适当提高硬度,改善切削加工。
　　　　　　　　　　　　　　　　　　　　　　　　　　　　（　）
52. 完全退火主要应用于过共析钢。　　　　　　　　　　　　　　（　）
53. 去应力退火是将工件加热到 A_{c_3} 线以上,保温后缓慢地冷却下来的热处理工艺。
　　　　　　　　　　　　　　　　　　　　　　　　　　　　（　）
54. 减低硬度的球化退火主要适用于亚共析钢。　　　　　　　　　（　）
55. 在生产中,习惯把淬火和高温回火相结合的热处理方法称为预备热处理。
　　　　　　　　　　　　　　　　　　　　　　　　　　　　（　）
56. 除钴之外,其他合金元素溶于奥氏体后,均能增加过冷奥氏体的稳定性,使 C 曲线左移。　　　　　　　　　　　　　　　　　　　　　　　（　）
57. 马氏体硬度主要取决于马氏体中的合金含量。　　　　　　　　（　）
58. 晶粒度是用来表示晶粒可承受最高温度的一种尺度。　　　　　（　）
59. 钢的热处理后的最终性能,主要取决于该钢的化学成分。　　　（　）

60. 钢的热处理是通过加热、保温和冷却,以改变钢的形状、尺寸,从而改善钢的性能的一种工艺方法。（   ）

61. 热处理的加热,其目的是使钢件获得表层和心部温度均匀一致。（   ）

62. 过共析钢完全退火后能消除网状渗碳体。（   ）

63. 淬火钢随着回火温度的升高,钢的硬度值显著降低,这种现象称为回火脆性。（   ）

64. 调质钢经淬火和高温回火后的组织是回火马氏体。（   ）

65. 马氏体转变的 M_s 和 M_f 温度线,随奥氏体含碳量的增加而上升。（   ）

66. 完全退火是将工件加热到 $A_{c_{cm}}$ 以上 30～50 ℃,保温一定的时间后,随炉缓慢冷却的一种热处理工艺。（   ）

67. 合金元素溶于奥氏体后,均能增加过冷奥氏体的稳定性。（   ）

68. 去应力退火一般在 A_1 以下（500～650 ℃）,因此退火过程是没有相变的。（   ）

69. 淬透性好的钢,淬火硬度一定高。（   ）

70. 淬火钢在回火时无组织变化。（   ）

71. 淬火后的钢在回火时,回火温度越高,其强度和硬度越高。（   ）

72. 感应加热表面淬火,淬硬层深度取决于电流频率,频率越高,淬硬层越浅,反之越深。（   ）

73. 与上贝氏体相比,下贝氏体的强度、韧性均较差。（   ）

74. 20 钢淬火后的硬度达不到 60HRC,是因为钢的淬透性太差。（   ）

75. 球化退火主要是应用于共析钢与过共析钢。（   ）

5.2.4　单项选择题

1. 为改善低碳钢的切削加工性应进行（　　）热处理。
 A. 等温退火　　　B. 完全退火　　　C. 球化退火　　　D. 正火

2. 钢中加入除 Co 之外的其他合金元素一般均能使其 C 曲线右移,从而（　　）。
 A. 增大 V_K　　B. 增加淬透性　　C. 减小其淬透性　　D. 增大其淬硬性

3. 高碳钢淬火后回火时,随回火温度升高其（　　）。
 A. 强度硬度下降,塑性韧性提高　　B. 强度硬度提高,塑性韧性下降
 C. 强度韧性提高,塑性韧性下降　　D. 强度韧性下降,塑性硬度提高

4. 过共析钢的正常淬火加热温度应该选择在（　　）。
 A. A_{c_1} +30～50 ℃　　　　　　B. A_{c_3} +30～50 ℃
 C. $A_{c_{cm}}$ +30～50 ℃　　　　　D. T +30～50 ℃

5. 常见的调质钢大都属于（　　）。
 A. 低碳低合金钢　　B. 中碳低合金钢　　C. 高碳低合金钢　　D. 低碳中合金钢

6. 下列钢经完全退火后,（　　）可能会析出网状渗碳体。

A. Q235　　　　　B. 45　　　　　　C. 60Si$_2$Mn　　　D. T12
7. 过共析钢的退火组织是(　　)。
A. F+Fe$_3$C$_{III}$　　B. F+P　　　　C. P+Fe$_3$C$_{II}$　　D. P+Fe$_3$C$_{III}$
8. 下列钢经淬火后硬度最低的是(　　)。
A. Q235　　　　　B. 40Cr　　　　　C. GCr15　　　　D. 45 钢
9. 对工件进行分级淬火的目的是(　　)。
A. 得到下贝氏体　　　　　　　B. 减少残余奥氏体
C. 减少工件变形　　　　　　　D. 缩短生产周期
10. 钢的淬透性主要取决于其(　　)。
A. 碳含量　　　B. 合金元素含量　C. 冷却速度　　　D. 过冷度
11. 为了提高 45 钢的综合机械性能,应进行(　　)。
A. 正火　　　　B. 调质　　　　　C. 退火　　　　　D. 淬火+中温回火
12. 等温退火相对于一般退火工艺而言,更能(　　)。
A. 减少工件变形　B. 消除应力　　　C. 细化晶粒　　　D. 缩短退火周期
13. 高速钢淬火后进行多次回火的主要目的是(　　)。
A. 消除残余奥氏体,使碳化物入基体　B. 消除残余奥氏体,使碳化物先析出
C. 使马氏体分解,提高其韧性　　　　D. 消除应力,减少工件变形
14. 碳钢的下列各组织中,(　　)是复相组织。
A. 珠光体　　　B. 铁素体　　　　C. 渗碳体　　　　D. 马氏体
15. 钢的下列组织中热稳定性最差的是(　　)。
A. 回火马氏体　B. 马氏体　　　　C. 回火屈氏体　　D. 回火索氏体
16. 下列各材料中淬火时最容易产生淬火裂纹的材料是(　　)。
A. 45 钢　　　　B. 20CrMnTi　　　C. 16Mn　　　　　D. W18Cr14V
17. 过共析钢进行下列(　　)热处理可能会造成网状渗碳体析出。
A. 完全退火　　B. 再结晶退火　　C. 正火　　　　　D. 去应力退火
18. 过共析钢因过热而析出网状渗碳体组织时,可用下列(　　)工艺消除。
A. 完全退火　　B. 等温退火　　　C. 球化退火　　　D. 正火
19. 下列诸材料中淬透性最好的是(　　)。
A. 20CrMnTi　　B. 40Cr　　　　　C. GCr15　　　　D. Q235
20. 为降低低碳冷轧钢板的硬度,宜采用下列(　　)工艺。
A. 完全退火　　B. 球化退火　　　C. 再结晶退火　　D. 等温退火
21. 对亚共析钢进行完全退火,其退火温度应为(　　)。
A. 低于 A_{c_1} 温度　　　　　　　B. 高于 A_{c_1} 温度而低于 A_{c_3} 温度
C. 等于 A_{c_3} 温度　　　　　　　D. A_{c_3}+30～50 ℃
22. 马氏体的硬度主要取决于其(　　)。
A. 碳含量　　　B. 合金元素含量　　C. 冷却速度　　　D. 过冷度

23. 钢的淬硬性取决于(　　)。
   A. 钢的含碳量　　　　　　　　B. 钢的淬透性
   C. 钢的临界冷却速度　　　　　D. 钢淬火时的冷却速度
24. 珠光体的片层间距取决于(　　)。
   A. 奥氏体化温度　　　　　　　B. 冷却速度
   C. 冷却方式(等温或连续冷却)　D. 钢的含碳量
25. 感应加热表面淬火的淬透深度取决于(　　)。
   A. 钢的含碳量　　　　　　　　B. 钢的淬透性
   C. 感应电流的大小　　　　　　D. 感应电流的频率
26. 钢的低温回火的温度为(　　)。
   A. 400 ℃　　　B. 350 ℃　　　C. 300 ℃　　　D. 250 ℃
27. 可逆回火脆性的温度范围是(　　)。
   A. 150～200 ℃　　　　　　　B. 250～400 ℃
   C. 400～550 ℃　　　　　　　D. 550～650 ℃
28. 不可逆回火脆性的温度范围是(　　)。
   A. 150～200 ℃　　　　　　　B. 250～400 ℃
   C. 400～550 ℃　　　　　　　D. 550～650 ℃
29. 加热是钢进行热处理的第一步,其目的是使钢获得(　　)。
   A. 均匀的基体组织　　　　　　B. 均匀的奥氏体组织
   C. 均匀的珠光体组织　　　　　D. 均匀的马氏体组织
30. 钢的高温回火的温度为(　　)。
   A. 600 ℃　　　B. 500 ℃　　　C. 400 ℃　　　D. 300 ℃
31. 钢的中温回火的温度为(　　)。
   A. 350 ℃　　　B. 300 ℃　　　C. 250 ℃　　　D. 200 ℃
32. 碳钢的淬火工艺是将其工件加热到一定温度,保温一段时间,然后采用(　　)方式冷却。
   A. 随炉冷却　　B. 在风中冷却　C. 在空气中冷却　D. 在水中冷却
33. 正火是将工件加热到一定温度,保温一段时间,然后采用(　　)的冷却方式。
   A. 随炉冷却　　B. 在油中冷却　C. 在空气中冷却　D. 在水中冷却
34. 完全退火主要用于(　　)。
   A. 亚共析钢　　B. 共析钢　　　C. 过共析钢　　D. 所有钢种
35. 共析钢在奥氏体的连续冷却转变产物中,不可能出现的组织是(　　)。
   A. P　　　　　B. S　　　　　C. B　　　　　D. M
36. 退火是将工件加热到一定温度,保温一段时间,然后采用(　　)的冷却方式。

A. 随炉冷却　　　B. 在油中冷却　　C. 在空气中冷却　　D. 在水中冷却
37. 化学热处理与其他热处理方法的根本区别是(　　)。
A. 加热温度　　　B. 组织变化　　　C. 钢成分变化　　D. 性能变化
38. 马氏体转变是在(　　)以下进行的。
A. A_1　　　　　B. M_s　　　　　C. M_f　　　　　D. A_3

5.2.5　综合题

1. 为什么要对钢件进行热处理？
2. 指出 A_1、A_3、A_{c_m}；A_{c_1}、A_{c_3}、$A_{c_{cm}}$；A_{r_1}、A_{r_3}、$A_{r_{cm}}$ 各临界点的意义。
3. 珠光体类型组织有哪几种？它们在形成条件、组织形态和性能方面有何特点？
4. 贝氏体类型组织有哪几种？它们在形成条件、组织形态和性能方面有何特点？
5. 马氏体组织有哪几种基本类型？它们在形成条件、晶体结构、组织形态、性能方面有何特点？马氏体的硬度与含碳量关系如何？
6. 何谓等温冷却及连续冷却？试绘出奥氏体这两种冷却方式的示意图。
7. 退火的主要目的是什么？生产上常用的退火操作有哪几种？指出退火操作的应用范围。
8. 何谓球化退火？为什么过共析钢必须采用球化退火而不采用完全退火？
9. 确定下列钢件的退火方法，并指出退火的目的及退火后的组织：
　① 经冷轧后的 15 钢钢板，要求降低硬度；
　② ZG35 的铸造齿轮；
　③ 锻造过热后的 60 钢锻坯；
　④ 具有片状渗碳体的 T12 钢坯。
10. 正火与退火的主要区别是什么？生产中应如何选择正火及退火？
11. 淬火的目的是什么？亚共析碳钢及过共析碳钢淬火加热温度应如何选择？试从获得的组织及性能等方面加以说明。
12. 常用的淬火方法有哪几种？说明它们的主要特点及其应用范围。
13. 淬透性与淬硬层深度两者有何联系和区别？影响钢淬透性的因素有哪些？
14. 回火的目的是什么？常用的回火操作有哪几种？指出各种回火操作得到的组织、性能及其应用范围。
15. 何谓钢的热处理？钢的热处理操作有哪些基本类型？试说明热处理同其他工艺过程的关系及其在机械制造中的地位和作用。
16. 淬火临界冷却速度 V_k 的大小受哪些因素的影响？它与钢的淬透性有何关系？
17. 指出下列组织的主要区别：

① 索氏体与回火索氏体；
② 屈氏体与回火屈氏体；
③ 马氏体与回火马氏体。

18. 表面淬火的目的是什么？常用的表面淬火方法有哪几种？比较它们的优缺点及应用范围，并说明表面淬火前应采用何种预先热处理。

19. 化学热处理包括哪几个基本过程？常用的化学热处理方法有哪几种？

20. 钢获得马氏体组织的条件是什么？与钢的珠光体相变及贝氏体相变比较，马氏体相变有何特点？

21. 什么叫回火？淬火钢为什么要进行回火处理？

22. 淬火钢采用低温或高温回火各获得什么组织？其主要应用在什么场合？

23. 指出过共析钢淬火加热温度的范围，并说明其理由。

24. 共析钢的奥氏体形成过程可归纳为几个阶段？

第6章 工业用钢

6.1 学习指导

6.1.1 学习目的和要求

了解合金元素在钢中的存在形式及对钢各项性能的影响;掌握常用钢材的种类、牌号、性能、用途及热处理方法等。

6.1.2 内容提要

工业用钢按化学成分分为碳素钢和合金钢两大类。

碳素钢是指含碳量低于 2.11 % 的铁碳合金。合金钢是指为了提高钢的性能、在碳钢基础上有意加入一定量合金元素所获得的铁基合金。

1. 合金元素在钢中的作用

为了获得所需的组织结构、物理性能、化学性能和力学性能,必须在碳钢中加入一定量的合金元素。合金元素会和碳素钢中已存在的铁和碳发生作用,在钢中有不同的存在形式,并影响钢的相变过程。

2. 钢的分类

1) 按含碳量分类

- 低碳钢:$w_C \leqslant 0.3$ %。
- 中碳钢:$0.30\% \leqslant w_C \leqslant 0.6$ %。
- 高碳钢:$w_C > 0.6$ %。

2) 按质量分类(即含有杂质元素 S、P 的多少分类)

- 普通碳素钢:$w_S \leqslant 0.055$ %、$w_P \leqslant 0.045$ %。
- 优质碳素钢:$w_S \leqslant 0.035\% \sim 0.040$ %、$w_P \leqslant 0.035\% \sim 0.040$ %。
- 高级优质碳素钢:$w_S \leqslant 0.02\% \sim 0.03$ %、$w_P \leqslant 0.03\% \sim 0.035$ %。

3) 按用途分类

- 结构钢:用于制造各种工程构件和机器零件的钢种,如桥梁、船舶、建筑构件;齿轮、轴、连杆、螺钉、螺母等。其中机器零件用钢又可分为调质钢、渗碳钢、弹簧钢和轴承钢等。
- 工具钢:用于制造各种加工工具的钢种,包括刃具钢、量具钢和模具钢等。
- 特殊性能钢:具备某些特殊物理、化学性能的钢种,如不锈钢、耐热钢、耐磨钢、低温用钢等。

4) 按金相组织分类

按退火组织分为亚共析钢、共析钢、过共析钢和莱氏体钢等。按正火组织可分为珠光体钢、贝氏体钢和马氏体钢等。按加热冷却过程有无相变及室温组织分为铁素体钢、奥氏体钢及铁素体和奥氏体双相钢等。

5) 按照冶金方法分类

根据冶炼时所用炼钢炉的不同,可分为平炉钢、转炉钢和电炉钢。根据冶炼时的脱氧方法和脱氧程度不同可分为沸腾钢、镇静钢和半镇静钢等。

3. 钢的牌号、性能及用途

1) 碳素钢

(1) 普通碳素结构钢

用"Q+数字"表示。Q 表示屈服强度,是"屈"字汉语拼音的首字母;数字表示屈服强度值。若牌号后面标注字母 A、B、C、D,则表示钢材质量等级不同,A、B、C、D 质量依次提高;F 表示沸腾钢,b 为半镇静钢,不标 F 和 b 的为镇静钢,如 Q215A 等。

普通碳素结构钢属于低碳钢或中碳钢,冶炼容易,工艺性好,价廉,其力学性能能满足一般工程结构及普通机器零件的要求,塑形高,焊接性能好,应用广泛。通常轧制成钢板、钢带、型钢、棒钢等,用于一般结构和工程结构;也可用于制造受力不大的拉杆、连杆、销、轴、螺钉螺母、垫圈、垫板以及齿轮等。

(2) 优质碳素结构钢

牌号是采用两位数字表示的,表示钢中平均含碳量的万分之几。若钢中含锰量较高,须将锰元素标出,如 25 钢、45 钢、60Mn 钢等。优质碳素结构钢具有一定的强度、硬度、塑形和韧性,根据含碳量的不同,可以用于制造冲压件、焊接件、轴类零件、齿轮以及弹簧等各种结构零件。

(3) 碳素工具钢

这类钢的牌号是用"碳"或字母"T"后附数字表示。数字表示钢中平均含碳量的千分之几。若为高级优质碳素工具钢,则在钢号最后附以 A 字,如 T8、T10A、T12A 等。碳素工具钢具有较高的硬度,可锻性和切削加工性能好,价格便宜;但淬透性和耐热性能差,主要在一般切削速度下使用,用于制造尺寸较小的刀具和形状简单以及精度较低的量具、模具等。

2) 合金钢

(1) 渗碳钢

渗碳钢是指需经渗碳处理后使用的钢种,属于低碳合金钢,主要用于制造要求表面具有高硬度、高耐磨性和高的疲劳强度,而心部具有足够的强度和韧性,能承受较大的冲击载荷的钢种。如制造要求耐磨并承受冲击的齿轮、小轴、活塞销等;尺寸较大、承受中等载荷重要的耐磨零件,如汽车齿轮等;承受重载与强烈磨损的重要大型零件,如飞机发动机及坦克齿轮、矿山机械齿轮等。

渗碳钢的牌号一般由"两位数字＋主加的合金元素符号＋合金元素的平均百分含量＋表示质量等级的字母"构成,其中"两位数字"表示含碳量的万分之几,表示质量等级的字母为 A、B、C、D 等,如 20Mn2、20CrMnTi、12Cr2Ni4 等。

(2) 调质钢

调质钢是指需经调质处理后使用的钢种,属于中碳合金钢,经调质处理后可获得良好的综合力学性能,即具有高强度、高硬度和高耐磨性,具有高的疲劳强度及良好的塑形和韧性,还具有良好的淬透性。其主要用于制造汽车、拖拉机、坦克等中的受力复杂的各类轴、杆、螺栓、万向节以及承受中等载荷、中等冲击作用的零件,如中低速齿轮与齿轮轴等重要零件。

调质钢的牌号一般由"两位数字＋主加的合金元素符号＋合金元素的平均百分含量"构成,其中"两位数字"表示含碳量的万分之几,如 40Cr、38CrMoAl、40CrMnMo 等。

(3) 弹簧钢

弹簧钢是指用于制造弹簧等弹性零件的钢种。弹簧钢属于高碳合金钢,淬火后进行中温回火,具有高的弹性极限与屈服强度、高的疲劳极限及足够的冲击韧度和塑形。

弹簧钢的牌号一般由"两位数字＋主加的合金元素符号＋合金元素的平均百分含量"构成,其中"两位数字"表示含碳量的万分之几,如 65Mn、60Cr2Mn 等。

(4) 滚动轴承钢

滚动轴承钢是用于制造滚动轴承的滚动体和内外圈的专用钢种。滚动轴承钢具有高的接触疲劳强度、高硬度、高耐磨性、良好的耐蚀性以及足够的强度和冲击韧度。

滚动轴承钢的牌号由"G＋Cr＋数字"表示,其中 G 是"滚"字汉语拼音的首字母,Cr 表示主加的合金元素为 Cr,"数字"表示 Cr 的千分含量,如 GCr15 等。

(5) 耐磨钢

耐磨钢主要是用来制造承受严重磨损及强烈冲击等工作条件的零件的钢种,最常用的为高锰耐磨钢,一般采用铸造成形。耐磨钢具有高的耐磨性和耐冲击性,可制造的零件如拖拉机、坦克等的履带、破碎机的颚板、挖掘机的铲齿、压路机的压辊、轧钢机的轧辊和铁道道岔等。

高锰耐磨钢,共有 5 个牌号:ZGMn13-1、ZGMn13-2、ZGMn13-3、ZGMn13-4、ZGMn13-5。

(6) 低合金工具钢

低合金工具钢是在碳素工具钢的基础上加入少量合金元素制备而成的。低合金工具钢的预备热处理为球化退火,最终热处理为淬火加低温回火,组织为回火马氏体＋未溶碳化物＋残留奥氏体。与碳素工具钢相比,它提高了钢的淬透性、耐回火性,降低了过热倾向,提高了耐热能力。其广泛应用于制造各种形状复杂、要求变形小的低速切削刀具,如板牙、丝锥、铰刀及铣刀等。

低合金工具钢的牌号由"数字+主加的合金元素符号+合金元素的平均百分含量"构成,其中数字表示含碳量的千分之几,如9SiCr、9Mn2V等。

（7）高速钢

高速钢是指用于制造高速切削刀具的钢种,具有高的热硬性,耐热能力可达600 ℃,可制成钻头、拉刀、滚刀等。

典型钢种有 W18Cr4V、W6Mo5Cr4V2 等。

（8）不锈钢

不锈钢是不锈耐酸钢的简称,是具有高度的化学稳定性和抵抗腐蚀能力的钢种。针对不同的性能要求,其成分、热处理方式也有很大的不同,通常按照组织分为铁素体不锈钢、马氏体不锈钢、奥氏体不锈钢、铁素体-奥氏体不锈钢、奥氏体-马氏体不锈钢等。

常见的不锈钢牌号有 10Cr17、20Cr13、12Cr18Ni9 等。

6.1.3 学习重点

常用钢材的种类、牌号、性能、用途及热处理方法等。

6.2 习题与思考题

6.2.1 名词解释

合金钢、奥氏体稳定性、耐回火性、回火脆性、化学腐蚀。

6.2.2 填空题

1. 高速工具钢经高温淬火加多次回火后,具有很高的_____和较好的_____。

2. 不锈钢按其金相显微组织不同,常用的有以下三类:_____、_____、奥氏体型不锈钢。

3. 工业用钢按质量分为_____钢、_____钢、_____钢。

4. 工业用钢按用途分为_____钢、_____钢、_____钢。

5. 工程中常用的特殊性能钢有_____、_____、_____。

6. 按冶炼浇注时脱氧剂与脱氧程度,碳钢分为_____、_____和_____。

7. 普通钢和优质钢的区分是以其中_____和_____元素的原子的含量来区分的,含_____量高易使钢产生热脆性,而_____含量高易使钢产生冷脆性。

8. 合金钢中常用的弹簧钢牌号有_____,合金钢中常用的渗碳钢为_____,常用的调质钢为_____,常用的刃具钢为_____,常用的耐磨钢为_____。

9. 不锈钢的成分特点是碳含量_____和_____含量较高。

6.2.3 判断题

1. 结构钢的淬透性，随钢中碳含量的增大而增大。　　　　　　　　（　）
2. 普通低合金结构钢不能通过热处理进行强化。　　　　　　　　　（　）
3. 普通钢和优质钢是按其强度等级来区分的。　　　　　　　　　　（　）
4. 高锰钢在各种条件下均能表现出良好的耐磨性。　　　　　　　　（　）
5. 弹簧钢的最终热处理应是淬火＋低温回火。　　　　　　　　　　（　）
6. 工具钢淬火时，冷却速度越快，则所得组织中的残余奥氏体越多。（　）
7. 对普通低合金钢件进行淬火强化效果不显著。　　　　　　　　　（　）
8. 高锰钢的性能特点是硬度高，脆性大。　　　　　　　　　　　　（　）
9. 合金的强度和硬度一般都比纯金属高。　　　　　　　　　　　　（　）
10. 钢中的合金元素含量愈多，则淬火后硬度愈高。　　　　　　　（　）
11. T8 钢加热到奥氏体化后，冷却时所形成的组织主要取决于钢的加热温度。

（　）

12. 碳素钢无论采用何种淬火方法，得到的组织都是硬度高、耐磨性好的马氏体组织。　　　　　　　　　　　　　　　　　　　　　　　　　　　　（　）
13. 在钢中加入多种合金元素比加入少量单一元素效果要好些，因而合金钢将向合金元素少量多元化方向发展。　　　　　　　　　　　　　　　　（　）
14. 40Cr 钢的淬透性与淬硬性都比 T10 钢要高。　　　　　　　　（　）
15. 钢中的杂质元素硫会引起钢的"冷脆"。　　　　　　　　　　　（　）
16. 含碳量低于 0.25 ％的碳钢，退火后硬度低，切削时易粘刀并影响刀具寿命，工件表面粗糙度高，所以常采用正火。　　　　　　　　　　　　　　　（　）
17. 含 Mo、W 等合金元素的合金钢，其回火脆性倾向较小。　　　（　）
18. 普通低合金钢通常只进行退火或正火热处理。　　　　　　　　（　）
19. 刃具钢通常都是高碳钢。　　　　　　　　　　　　　　　　　（　）
20. 高锰钢之所以被称为耐磨钢是因为该钢硬度高，脆性大。　　　（　）
21. 对奥氏体不锈钢进行固溶处理的目的是为了提高其强度。　　　（　）
22. 热作模具钢一般都是中碳低合金钢。　　　　　　　　　　　　（　）
23. 钢中的含硫量增加，其钢的热脆性增加。　　　　　　　　　　（　）
24. 钢中的含磷量增加，其钢的热脆性增加。　　　　　　　　　　（　）
25. 钢中的含磷量增加，其钢的冷脆性增加。　　　　　　　　　　（　）
26. 合金元素溶于奥氏体后，均能增加过冷奥氏体的稳定性。　　　（　）
27. 高锰钢加热到 1 000～1 100 ℃，淬火后可获得单相马氏体组织。（　）
28. 12Cr18Ni9 钢是一种马氏体不锈钢。　　　　　　　　　　　　（　）

29. 5CrNiMo 钢是合金结构钢。 (   )
30. 40Cr 钢是合金渗碳钢。 (   )
31. 20CrMnTi 钢是合金调质钢。 (   )
32. GCr15 是专用的合金工具钢。 (   )
33. 1Cr13 钢是奥氏体不锈钢。 (   )
34. W18Cr4V 钢是不锈钢。 (   )
35. 碳素工具钢都是优质钢或高级优质钢。 (   )
36. 弹簧钢淬火后采用中温回火是想提高钢的弹性模量。 (   )
37. 钢中的合金元素越多,其淬火后的硬度越高。 (   )
38. 手工锉刀用 15 号钢制造。 (   )
39. 合金元素均在不同程度上有细化晶粒的作用。 (   )
40. 碳素工具钢的牌号,如 T8、T12,该数字表示钢的最低冲击韧性值。 (   )

6.2.4 单项选择题

1. 常见的调质钢大都属于(　　)。
   A. 低碳低合金钢　　　　　　B. 中碳低合金钢
   C. 高碳低合金钢　　　　　　D. 低碳中合金钢
2. 某一中载齿轮决定用 45 钢制造,其最终热处理采用下列哪种方案为宜(　　)。
   A. 淬火+低温回火　　　　　B. 渗碳后淬火+低温回火
   C. 调质后表面淬火　　　　　D. 正火
3. 下列钢经完全退火后,哪种钢可能会析出网状渗碳体(　　)。
   A. Q235　　　　B. 45　　　　C. 60Si2Mn　　　　D. T12
4. 下列材料中不宜淬火的是(　　)。
   A. GCr15　　　　B. W18Cr4V　　　　C. 40Cr　　　　D. Q235
5. 下列合金钢中,耐蚀性最好的是(　　)。
   A. 20CrMnTi　　　B. 40Cr　　　C. W18Cr4V　　　D. 12Cr18Ni9Ti
6. 为降低低碳冷轧钢板的硬度,宜采用下列哪种工艺?(　　)
   A. 完全退火　　　B. 球化退火　　　C. 再结晶退火　　　D. 等温退火
7. 下列材料中耐热性最好的是(　　)。
   A. GCr15　　　　B. W18Cr4V　　　C. 1Cr18Ni9Ti　　　D. 9SiCr
8. 下列钢经淬火后硬度最低的是(　　)。
   A. Q235　　　　B. 40Cr　　　　C. GCr15　　　　D. 45 钢
9. 对奥氏体不锈钢进行固溶处理的目的是(　　)。
   A. 强化基体　　　B. 提高其韧性　　　C. 消除应力　　　D. 消除碳化物
10. 滚动轴承钢 GCr15 的最终热处理应该是(　　)。

A. 正火 B. 淬火
C. 淬火+低温回火 D. 淬火+高温回火

11. 某中等载荷齿轮拟选用 45 钢制造,其可能的最终热处理工艺应该是( )。
   A. 淬火+低温回火 B. 调质+表面淬火
   C. 渗碳+淬火+低温回火 D. 淬火+中温回火

12. 为了提高 45 钢的综合机械性能,应进行( )。
   A. 正火 B. 调质 C. 退火 D. 淬火+中温回火

13. 高速钢淬火后进行多次回火的主要目的是( )。
   A. 消除残余奥氏体,使碳化物入基体 B. 消除残余奥氏体,使碳化物先析出
   C. 使马氏体分解,提高其韧性 D. 消除应力,减少工件变形

14. 碳钢的下列各组织中,哪个是复相组织( )。
   A. 珠光体 B. 铁素体 C. 渗碳体 D. 马氏体

15. 下列合金中,含碳量最少的钢是( )。
   A. GCr15 B. Cr12MoV C. 12Cr13 D. 5CrNiMo

16. 下列各材料中淬火时最容易产生淬火裂纹的材料是( )。
   A. 45 钢 B. 20CrMnTi C. 16Mn D. W18Cr14V

17. 下列诸因素中,哪个是造成 45 钢淬火硬度偏低的主要原因( )。
   A. 加热温度低于 A_{c_3} B. 加热温度高于 A_{c_3}
   C. 保温时间过长 D. 冷却速度大于 V_K

18. 下列诸材料中淬透性最好的是( )。
   A. 20CrMnTi B. 40Cr C. GCr15 D. Q235

19. 下列诸材料中热硬性最好的是( )。
   A. T12 B. 9SiCr C. W18Cr4V D. 45

20. 下列诸材料被称为低变形钢适合作冷作模具的是( )。
   A. 9SiCr B. CrWMn C. Cr12MoV D. 5CrMnMo

21. 高速钢经最终热处理后的组织应该是( )。
   A. M+碳化物 B. M+AR+碳化物
   C. M回+AR+碳化物 D. S回+AR+碳化物

22. 下列合金中,铬元素含量最少的是( )。
   A. GCr15 B. Cr12 C. 1Cr13 D. 12Cr18Ni9Ti

23. 40Cr 钢的碳含量为( )。
   A. 平均 40 % B. 平均 4 % C. 平均 0.4 % D. 平均 0.04 %

24. 热锻模的最终热处理工艺应该是( )。
   A. 淬火+低温回火 B. 淬火+中温回火
   C. 调质 D. 调质后表面淬火

25. 坦克履带、挖掘机铲齿应选用（　　）钢制造。
   A. T7A　　　　　　B. 20CrMnTi　　　C. 5CrMnTi　　　　D. ZGMn13

26. 下列所列合金钢中含碳量最低的是（　　）。
   A. 20CrMnTi　　　B. 40Cr　　　　　C. GCr15　　　　　D. 12Cr18Ni9Ti

27. 高速钢的成分特点是（　　）。
   A. 中碳低合金钢　B. 中碳高合金钢　C. 高碳低合金钢　D. 高碳高合金钢

28. 弹簧钢 60Si2Mn 的最终热处理工艺是（　　）。
   A. 淬火　　　　　　　　　　　　　B. 淬火＋低温回火
   C. 淬火＋中温回火　　　　　　　　D. 淬火＋时效

29. 优质钢的含硫量应控制在下列（　　）范围内。
   A. 0.06％～0.05％　　　　　　　　B. 0.05％～0.035％
   C. 0.035％～0.02％　　　　　　　　D. 0.02％～0.015％

30. 优质钢的含磷量应控制在下列（　　）范围内。
   A. 0.055％～0.045％　　　　　　　B. 0.045％～0.035％
   C. 0.035％～0.03％　　　　　　　　D. 0.03％～0.02％

31. 欲要提高 18-8 型铬镍不锈钢的强度，主要是通过（　　）。
   A. 时效强化方法　　　　　　　　　B. 固溶强化方法
   C. 冷加工硬化方法　　　　　　　　D. 马氏体强化方法

32. 20CrMnTi 钢根据其组织和机械性能，在工业上主要作为一种（　　）使用。
   A. 合金渗碳钢　B. 合金弹簧钢　　C. 合金调质钢　　D. 滚动轴承钢

33. 大多数合金元素均在不同程度上有细化晶粒的作用，其中细化晶粒作用最为显著的有（　　）。
   A. Mn、P　　　　　B. Mn、Ti　　　　C. Ti、V　　　　　D. V、P

34. 除（　　）元素外，其他合金元素溶于奥氏体后，均能增加过冷奥氏体的稳定性。
   A. Co　　　　　　B. Cr　　　　　　C. Mn　　　　　　D. Ti

35. 20CrMnTi 钢中 Ti 元素的主要作用是（　　）。
   A. 强化铁素体　B. 提高淬透性　　C. 细化晶粒　　　D. 提高回火稳定性

36. 机械制造中，T10 钢常用来制造（　　）。
   A. 容器　　　　　B. 刀具　　　　　C. 轴承　　　　　D. 齿轮

37. GCr15SiMn 钢的含铬量是（　　）。
   A. 15％　　　　　B. 1.5％　　　　　C. 0.15％　　　　　D. 0.015％

38. 合金渗碳钢渗碳后必须进行（　　）热处理才能使用。
   A. 淬火＋低温回火　　　　　　　　B. 淬火＋中温回火
   C. 淬火＋高温回火　　　　　　　　D. 完全退火

39. 为消除碳素工具钢中的网状渗碳体而进行正火，其加热温度是（　　）。

A. $A_{ccm}-(30\sim50)$ ℃ B. $A_{ccm}+(30\sim50)$ ℃
C. $A_{c_1}+(30\sim50)$ ℃ D. $A_{c_3}+(30\sim50)$ ℃

40. 钢的热硬性主要取决于(　　)。
A. 钢的含碳量 B. 马氏体的含碳量
C. 残余奥氏体量 D. 马氏体的回火稳定性

6.2.5　综合题

1. 合金钢与碳钢相比，为什么它的力学性能好？热处理变形小？

2. 手锯锯条、普通螺钉、车床主轴分别用何种碳钢制造？

3. 有人提出用高速钢制锉刀，用碳素工具钢制钻木材的 $\Phi10$ 的钻头，你认为合适吗？说明理由。

4. 画出 W18Cr4V 钢的淬火、回火工艺曲线，并标明温度。淬火温度为什么要选那么高？回火温度为什么要选 560 ℃？为什么要进行三回火？处理完的最后组织是什么？

5. 说出下列钢号的含义？并举例说明每一钢号的典型用途。
Q235、20、45、T8A、40Cr、GCr15、60Si2Mn、W18Cr4V、ZG25、HT200

6. ① C618 机床变速箱齿轮工作转速较高，性能要求：齿的表面硬度为 50～56 HRC，齿心部硬度为 22～25HRC，整体强度 $\sigma_b=760\sim800$ MPa，整体韧性 $a_k=40\sim60$ J/cm^2，应选下列哪种钢，并进行何种热处理？
35、45、20CrMnTi、T12、W18Cr4V。
② 从上述材料中，选择制造手工丝锥的合适钢种，并制定工艺流程。

7. 钢中常存的杂质有哪些？对钢的性能有何影响？

8. 低碳钢、中碳钢及高碳钢是如何根据含碳量划分的？分别举例说明它们的用途？

9. 为什么比较重要的大截面的结构零件如重型运输机械和矿山机器的轴类、大型发电机转子等都必须用合金钢制造？与碳钢比较，合金钢有何优缺点？

10. 合金元素 Mn、Cr、W、Mo、V、Ti、Zr、Ni 对钢的 C 曲线和 M_S 点有何影响？将引起钢在热处理、组织和性能方面的什么变化？

11. 合金元素对回火转变有何影响？

12. 何谓调质钢？为什么调质钢的含碳量均为中碳？合金调质钢中常含哪些合金元素？它们在调质钢中起什么作用？

13. 简述调质钢的成分特点、热处理方式、组织、性能特点及用途。

14. 高锰钢既不能进行锻造，也难以进行切削加工，为什么？

15. 常见不锈钢有哪些？其性能有何差异？

16. 指出钢号为 20、45、65Mn、Q235AF、T12、T10A 的碳素钢各属哪类钢？钢号中的数字和符号的含义是什么？各适于做什么用？（各举一例）

17. 指出下列牌号是哪种钢？其含碳量约多少？

20 钢、9SiCr、40Cr、5CrMnMo、GCr15、T9A。

18. 试说明下列合金钢的名称及其主要用途。

W18Cr4V、5CrNiMo。

19. 试说明下列钢材牌号属于哪种钢？

12Cr18Ni9、20Cr13、ZGMn13-1、4Cr9si12。

20. 高速工具钢的主要特点是什么？它的热处理有何特点？

21. 某钢材调质处理与正火后性能比较，硬度相当，为什么调质处理后的强度、塑韧性更好？

22. 解释下列符号所表示的金属材料：

45 钢、T12A、Q235-D、Q345-B、20CrMnTi、40Cr、60Si2Mn、GCr15、9SiCr、W18Cr4V、12Cr18Ni9Ti、ZGMn13、HT200、KTH300-06。

23. ZGMl3-4 钢为什么具有优良的耐磨性和良好的韧性？

24. 分别指出下列钢的种类、大致成分、最终热处理方法及其应用范围。

T10A、20CrMnTi、9SiCr、40Cr、W18Cr4V。

25. 要制造机床主轴、拖拉机后桥齿轮、铰刀、汽车板弹簧等，请选择合适的钢种并制定热处理工艺。其最终的组织是什么？性能如何？

第7章 铸 铁

7.1 学习指导

7.1.1 学习目的和要求

了解铸铁的特点及铸铁中石墨形成的过程;掌握常用铸铁的石墨的存在形式、牌号、性能、用途及热处理方法等。

7.1.2 内容提要

在铁碳相图中,含碳量大于 2.11 %并含有较多硅、锰、硫、磷等元素的多元铁基合金称为铸铁。

1. 铸铁的分类

根据碳在铸铁中的存在形式以及凝固后断口颜色的不同,将铸铁分为灰铸铁、白口铸铁、麻口铸铁。

根据石墨的形态分为灰铸铁、可锻铸铁、球墨铸铁、蠕墨铸铁。

2. 常用普通铸铁

1) 灰铸铁

灰铸铁是指游离的石墨呈片状分布的铸铁,如图 7-1 所示。其产量占铸铁总产量的 80 %以上。灰铸铁常见的牌号有 HT100、HT150、HT200、HT250、HT300、HT350 等,其中 HT 表示"灰铁"汉语拼音的首字母,数字 100 等表示最低抗拉强度值。灰铸铁的抗拉强度、塑性和韧性较差,但减振性、耐磨性优良,抗压强度高,缺口敏感性低,主要用于制造承受压力和振动的零部件,如机床床身、发动机壳体、各种箱

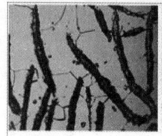

图 7-1 灰铸铁中的片状石墨

体、泵体及缸体等。

2）可锻铸铁

可锻铸铁是指钢的基体上分布着团絮状石墨，如图 7-2 所示。常见的牌号有 KTH300-06、KTH350-10、KTZ450-06、KTZ700-02、KTB350-04、KTB450-07 等，其中 KT 表示"可铁"汉语拼音的首字母；H 表示黑心可锻铸铁，Z 表示珠光体可锻铸铁，B 表示白心可锻铸铁；300-06 等数字表示抗拉强度为 300 MPa，断后伸长率为 6%。

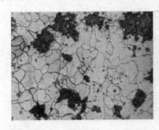

图 7-2 可锻铸铁中的团絮状石墨

可锻铸铁的强度、塑性和韧性均比灰铸铁高，接近于铸钢，但可锻铸铁并不可锻。可锻铸铁适合于制造形状复杂且承受振动载荷的薄壁小型件，如汽车、拖拉机前后轮壳、管接头、低压阀门等。

3）球墨铸铁

球墨铸铁中的石墨呈球状分布，如图 7-3 所示。常见牌号有 QT400-15、QT500-7、QT700-2、QT900-2 等。

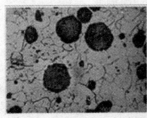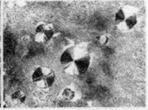

图 7-3 球墨铸铁中的球状石墨

4）蠕墨铸铁

蠕墨铸铁中的石墨呈蠕虫状分布，如图 7-4 所示。常见牌号有 RuT260、

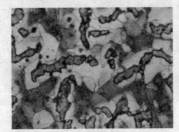

图 7-4 蠕墨铸铁中的蠕虫状石墨

RuT300、RuT420。

7.1.3 学习重点

常用铸铁的石墨的存在形式、牌号、性能、用途及热处理方法等。

7.2 习题与思考题

7.2.1 名词解释

石墨化、石墨化退火、白口铸铁、灰铸铁、球墨铸铁、可锻铸铁、蠕墨铸铁、孕育处理、球化处理。

7.2.2 填空题

1. 普通灰铸铁、可锻铸铁、球墨铸铁及蠕墨铸铁中石墨的形态分别为_____、_____、_____和_____。
2. 灰铸铁能否充分石墨化，主要取决于其含碳量和铸后冷却速度。一般而言，含碳量越_____，越有利于石墨化。
3. 材料牌号 QT600－03 中，QT 表示_____，600 表示_____，03 表示_____。
4. 提高铸铁中_____元素和_____元素的含量，有利于其石墨化。
5. 影响铸铁石墨化的主要因素是_____和_____。
6. 白口铸铁中的碳主要以_____形式存在，而灰铸铁中的碳主要以_____形式存在。
7. HT200 是_____材料的牌号。其中的碳主要以_____形式存在，其形态呈_____状。
8. 铸铁与钢相比，抗拉性能较低，但_____性能较高。

7.2.3 判断题

1. 可锻铸铁只能通过可锻化退火而得到。　　　　　　　　　　(　　)
2. 对灰铸铁不能进行强化热处理。　　　　　　　　　　　　　(　　)
3. 可锻铸铁的碳当量一定比灰口铸铁低。　　　　　　　　　　(　　)
4. 所谓白口铸铁是指碳全部以石墨形式存在的铸铁。　　　　　(　　)
5. 白口铸铁铁水凝固时不会发生共析转变。　　　　　　　　　(　　)
6. 铸件可用再结晶退火细化晶粒。　　　　　　　　　　　　　(　　)
7. 白口铸铁在室温下的相组成都为铁素体和渗碳体。　　　　　(　　)

8. 灰口铸铁的组织取决于其铸件的冷却速度,与其化学成分没有关系。（   ）
9. 可锻铸铁的塑性良好,可以进行锻造。（   ）
10. 球墨铸铁的铸造性能比灰口铸铁差。（   ）
11. 铸铁中的可锻铸铁是可以在高温下进行锻造的。（   ）
12. 热处理可改变铸铁中的石墨形态。（   ）
13. 可锻铸铁中的团絮状石墨是浇注球墨铸铁时石墨球化不良的结果。（   ）
14. 铸铁中碳存在的形式不同,则其性能也不同。（   ）
15. 白口铸铁的硬度适中,易于进行切削加工。（   ）
16. 球墨铸铁中的石墨呈团絮状。（   ）

7.2.4　单项选择题

1. 对球墨铸铁进行高温正火的目的是为了得到下列（   ）组织。
   A. F+G   B. F+P+G   C. P+G   D. Ld+G
2. 白口铸铁件不具有下列（   ）性能。
   A. 高强度   B. 高硬度   C. 高耐磨性   D. 高脆性
3. 对球墨铸铁件进行下列（   ）热处理可得到铁素体基球铁。
   A. 低温正火   B. 高温正火   C. 高温退火   D. 等温退火
4. 下列铸铁中铸造性能最好的是（   ）。
   A. 普通灰口铸铁   B. 白口铸铁   C. 可锻铸铁   D. 球墨铸铁
5. 下列铸铁中壁厚敏感性最大的是（   ）。
   A. 普通灰口铸铁   B. 孕育铸铁   C. 可锻铸铁   D. 球墨铸铁
6. 为了得到珠光体基球墨铸铁,应对球墨铸铁进行下列（   ）热处理。
   A. 低温退火   B. 高温退火   C. 低温正火   D. 高温正火
7. 为了消除灰口铸铁工件中所出现的少量白口组织,应进行下列（   ）热处理。
   A. 低温退火   B. 高温退火   C. 低温正火   D. 高温正火
8. 铸铁中碳以石墨形态析出的过程称为（   ）。
   A. 变质处理   B. 石墨化   C. 球化过程   D. 孕育处理
9. 在可锻铸铁的显微组织中,石墨的形态是（   ）。
   A. 片状的   B. 球状的   C. 团絮状的   D. 蠕虫状
10. 机床床身的材料一般是由（   ）材料制成的。
    A. 铸钢   B. 球铁   C. 普通灰口铸铁   D. 可锻铸铁
11. 灰口铸铁适合制造床身、机架、底座、导轨等结构,除了铸造性和切削性优良外,还因为（   ）。
    A. 抗拉强度好   B. 抗弯强度好   C. 耐压消振   D. 冲击韧性高
12. 灰铸铁具有良好的铸造性能、耐磨性、可加工性及消振性,这主要是由于组织中( )的作用。

A. 铁素体　　　　B. 珠光体　　　　C. 石墨　　　　D. 渗碳体

13.( )的石墨形态是片状的。

A. 白口铸铁　　　B. 灰口铸铁　　　C. 可锻铸铁　　　D. 球墨铸铁

14. 孕育铸铁是灰铸铁经孕育处理后使( ),从而提高灰铸铁的力学性能。

A. 基体组织改变　B. 石墨片细小　　C. 晶粒细化　　　D. 石墨片粗大

15. 铸铁的( )性能优于碳钢。

A. 铸造　　　　　B. 锻造　　　　　C. 焊接　　　　　D. 淬透

16. 球墨铸铁是在钢的基体上分布着( )石墨。

A. 片状　　　　　B. 团絮状　　　　C. 球状　　　　　D. 蠕虫状

7.2.5 综合题

1. 白口铸铁、灰口铸铁和钢,这三者的成分、组织和性能有何主要区别?
2. 化学成分和冷却速度对铸铁石墨化和基体组织有何影响?
3. 试述石墨形态对铸铁性能的影响。
4. 为什么生产可锻铸铁件时,必须先浇注成完全的白口铸铁组织,才能在可锻化退火后得到可锻铸铁?
5. 为什么灰口铸铁不能进行强化热处理,而球墨铸铁却可以进行呢?
6. 试总结铸铁石墨化的条件和过程。
7. 试述各类铸铁性能及用途。与钢比较,优缺点各是什么?
8. 为什么球墨铸铁可以代替钢制造某些零件呢?
9. 合金铸铁的突出特性是什么?
10. 识别下列铸铁牌号:HT150、HT300、KTH300－06、KTZ450－06、KTB380－12、QT400－18、QT600－03、RuT260。
11. 灰铸铁为什么不进行整体淬火处理?
12. 铸铁的力学性能取决于什么?

第8章 有色金属及其合金

8.1 学习指导

8.1.1 学习目的和要求

了解常用有色金属及其合金和高分子材料的种类、性能特点等;掌握常用有色金属材料的牌号、性能、用途。

8.1.2 内容提要

钢铁以外的金属及其合金称为有色金属。

1. 铝及铝合金

纯铝具有银白色金属光泽,密度(2.702×10^3 kg/m³)小,熔点(660.4 ℃)低,导电、导热性能优良。

在铝中加入合金元素,配制成各种成分的铝合金。铝合金分为变形铝合金和铸造铝合金。常用铝合金的牌号、性能和应用见表8-1。

表8-1 常用铝合金的牌号、性能和应用

铝合金种类	主加元素及牌号	强化方法	主要特点	应用举例
变形铝合金	纯铝 1×××系列	可加工硬化	高的成形性、耐蚀性和电导率;强度低	电气工程和兼顾成形性与耐蚀性的领域
	Al-Mn系 3×××系列	可加工硬化	中等强度;良好的成形性和焊接性	兼顾成形性和焊接性的场合
	AL-Mg系 5×××系列	可加工硬化	中等强度;优异的耐蚀性,良好的成形性和焊接性	建筑结构、汽车、海洋和低温工程领域
	Al-Cu系 2×××系列	可热处理	高的强度;低的焊接性、低的耐大气腐蚀性	航空工业、紧固件
	Al-Si系 4×××系列	含Mg可热处理	中等强度;优异的焊接性	锻件和熔焊焊条

续表 8-1

铝合金种类	主加元素及牌号	强化方法	主要特点	应用举例
变形铝合金	Al-Mg-Si 系 6×××系列	可热处理	中等强度,优异的耐蚀性和优异的挤压性能	建筑结构、汽车
	Al-Zn-Mg-Cu 系 7×××系列	可热处理	非常高的强度;常用机械方式连接	航空工业
	其他元素(Fe,Ni) 8×××系列	可热处理	高的电导率、强度和硬度	电气工程和航空工业
铸造铝合金	Al-Si 系, ZL1××	不可热处理	优异的铸造性能;中等强度	适于复杂铸件
	Al-Cu 系, ZL2××	可热处理	高的强度;有热裂和疏松倾向	良好的耐磨性和较高温度下具有一定强度
	Al-Mg 系, ZL3××	不可热处理	优异的耐蚀性和切削性能	门窗构件
	Al-Zn 系, ZL4××	可热处理	优异的切削性能	要求表面光洁和一定硬度的领域

2. 铜及铜合金

1) 纯 铜

纯铜呈紫红色,故又称紫铜,具有面心立方晶格,无同素异构转变,无磁性。纯铜具有优良的导电性和导热性,在大气、淡水和冷凝水中有良好的耐蚀性,塑性好。

2) 黄 铜

黄铜是以锌为主要合金元素的铜合金。常用牌号有 H62、H68、H80 等。

3) 青 铜

除黄铜和白铜外的其他铜合金统称为青铜。常用牌号有 ZCuSn10Pb1、QSn6.5-0.1、QAl7 等。

4) 白 铜

以镍为主要合金元素的铜合金称白铜。常用牌号有 B5、B19、B30 等。

常见铜及铜合金的牌号、性能和应用见表 8-2。

表 8-2 常见铜及铜合金的牌号、性能和应用

类型	牌号	特性	应用举例
纯铜	T1 T2	导电导热性能优良、延展性、深冲性能、耐腐蚀及大气腐蚀性能均好,可以焊接和钎焊	用于导电、导热、耐蚀器材,如电线、电缆、密封垫圈、器具等
黄铜	H68 H70	延展性及深冲性能优异,易切削加工,易焊接,耐一般腐蚀,但易产生应力腐蚀开裂	复杂的深冲、冷冲件,如汽车散热片、弹壳、垫片、雷管等
青铜	QSn6.5-0.1 QSn6.5-0.4	含磷的锡青铜(磷青铜)有高的强度、弹性、耐磨性和抗磁性,在热态和冷态下压力加工性良好,对电火花有较高的抗燃性,可焊接和钎焊,可切削性好,在大气和淡水中耐蚀	制作弹簧和导电性好的弹簧接触片、精密仪器中的耐磨零件和抗磁零件,如齿轮、电刷盒、振动片、接触器;棒材可用作齿轮轴、轴承、螺栓、螺母、连接头、滑轮等
白铜	B19	结构白铜,有高的耐蚀性和良好的力学性能,在热态和冷态下压力加工性良好,在高温和低温下仍能保持高的强度和塑性,可切削性差	用作在蒸汽、淡水和海水中工作的精密仪表零件、金属网和抗化学腐蚀的化工机械零件,以及医疗器具、钱币、冷凝及热交换器用管等

3. 钛及钛合金

纯钛密度小,熔点高,比强度高,在 882.5 ℃发生同素异构转变,塑性、耐蚀性好。钛及其合金在工程上应用较晚,但它在航空、化工、导弹、航天等领域已得到了广泛的应用。常用牌号有 TA1～TA8、TC1～TC4、TC6、TB2 等。

8.1.3 学习重点

常用有色金属材料的牌号、性能、用途。

8.2 习题与思考题

8.2.1 名词解释

固溶处理、时效处理、黄铜、锡青铜。

8.2.2 填空题

1. 纯铜是_____颜色,表面氧化或呈_____颜色,因此称为_____。
2. 通常_____合金称为青铜。
3. 青铜是指铜与_____和_____以外的元素组成的合金,按化学成分不

同,可分为_____和_____两类。

4. 常见的黄铜是指铜和_____的合金。
5. 铜合金中,按主加元素不同分为_____、_____和_____。
6. 铸造铝合金具有较好的_____,根据化学成分铸造铝合金可分为_____系、_____系、_____和_____系铸造铝合金。
7. ZSnSb11Cu6 表示_____质量分数为 11 %、_____质量分数为 6 %的_____合金。

8.2.3 判断题

1. H70 表示铜质量分数为 70 %的普通黄铜。   (   )
2. 青铜的耐蚀性能不如黄铜。   (   )
3. 对铝合金不进行固溶处理只进行时效处理时,不可能获得时效强化。   (   )
4. ZSnSb11Cu6 是铸造锡青铜。   (   )
5. 青铜具有良好的铸造性能。   (   )
6. 铜合金牌号中,字首 H 表示青铜。
7. 铝的强度、硬度低,工业上常通过合金化来提高其强度,用作结构材料。
                                                                (   )
8. ZL104 表示 4 号铝-硅系铸造铝合金。   (   )
9. 铜合金牌号中,字首 Q 表示黄铜。   (   )
10. 硬铝是变形铝合金中强度最低的。   (   )
11. 普通黄铜是铜和铅组成的二元合金。   (   )

8.2.4 单项选择题

1. 下列铝合金中被称为"硅铝明"的是(   )。
   A. ZL102   B. ZL202   C. ZL302   D. ZL402
2. 下列轴承合金中,被称为"巴氏合金"的是(   )。
   A. 铅基轴承合金 B. 铝基轴承合金 C. 铜基轴承合金 D. 锌基轴承合金
3. 下列青铜合金中,价格较低廉、耐蚀性高的是(   )。
   A. 锡青铜   B. 铝青铜   C. 铅青铜   D. 铍青铜
4. 淬火加时效处理是(   )合金强化的主要途径。
   A. 形变铝合金   B. 铸造铝合金   C. 黄铜   D. 青铜
5. 普通黄铜在(   )介质中,易产生腐蚀导致的自裂现象。
   A. 氮   B. 氨   C. 碱   D. 酸
6. 某工件采用单相黄铜制造,其强化工艺应该是(   )。
   A. 时效强化   B. 固溶强化   C. 形变强化   D. 热处理强化
7. 下列诸铝合金中,不能进行时效强化的是(   )。

A. 3A21　　　B. 2A11　　　C. 7A06　　　D. 2A14

8. 黄铜是以（　　）为主加元素的铜合金。
A. 铅　　　　B. 铁　　　　C. 锡　　　　D. 锌

9. 强化铝合金的重要热处理方法之一是（　　）。
A. 淬火　　　B. 冷作硬化　　C. 固溶时效　　D. 形变强化

8.2.5 综合题

1. 不同铝合金可通过哪些途径达到强化的目的？
2. 何谓硅铝明？它属于哪一类铝合金？为什么硅铝明具有良好的铸造性能？在变质处理前后其组织及性能有何变化？这类铝合金主要用在何处？
3. 形变铝合金和铸造铝合金的成分、组织、性能有何差别？
4. 形变铝合金分哪几类？主要性能特点是什么？并简述铝合金强化的热处理方法。
5. 铜合金分哪几类？举例说明黄铜的代号、化学成分、力学性能及用途。
6. 钛合金分哪几类？简述钛合金的热处理。
7. 指出下列合金的名称、化学成分、主要特性及用途。
3A21、2A11、ZL102、ZL401、2A50、H68、HPb59-1、HSi80-3-3、ZCuZn40Mn2、QA19-2、ZCuSn10P1、ZSnSb12Pb10Cu4、TA7。
8. 试说明下列有色金属代号的含义：
H70、2A11、2A70、QSn4-3。
9. 简述固溶强化、弥散硬化、时效硬化产生的原因及它们之间的区别。
10. 什么是铝合金的固溶处理和强化处理？

第 9 章　工程材料的选用

9.1　学习指导

9.1.1　学习目的和要求

掌握各种工程材料的特性,正确选择和使用材料,并能初步分析机器及零件使用过程中出现的各种材料问题等。

9.1.2　内容提要

1. 材料选用时要考虑的因素
① 满足使用性能要求;
② 材料工艺性能良好;
③ 充分考虑经济性;
④ 考虑零件外形和尺寸特点;
⑤ 考虑生产批量;
⑥ 考虑材料的生产、使用过程中以及失效后对环境的影响。

2. 材料的选用内容及方法
1) 材料的选用内容
➤ 化学成分及组织结构　材料成分和组织结构是材料设计和选用的核心问题。
➤ 材料的加工工艺　首先要保证零件所要求的使用性能,其次是达到规定的生产效率,最后是低的经济成本。
2) 材料的选用方法
➤ 分析零件的工作条件,确定使用性能;
➤ 分析零件的失效原因,确定主要使用性能;
➤ 提出材料的力学性能要求。

9.1.3　学习重点

材料选用的原则和方法。

9.2 习题与思考题

9.2.1 填空题

1. 选材的一般原则是在满足_____的前提下,再应考虑_____、_____。
2. 零件的疲劳失效过程可分为_____、_____、_____三个阶段。
3. 零件的变形失效有_____、_____、_____。
4. 零件常用的毛坯包括_____、_____、_____等。
5. 使20CrMnTi钢和T10钢淬火进行比较,20CrMnTi钢的_____性好,但_____差。
6. 现有下列材料:Q235、42CrMo、T8、W18Cr4V、HT200、60Si2Mn、20CrMnTi、ZG45,请按用途选材:

   机床床身_____,汽车板弹簧_____,承受重载、大冲击载荷的机动车传动齿轮_____,高速切削刀具_____,大功率柴油机曲轴(大截面、传动大扭矩、大冲击、轴颈处要耐磨)_____。
7. 请选择下列工具材料:板牙_____,车刀_____,冷冲模_____,热挤压模_____,医疗手术刀_____。

   A. 9SiCr   B. T12   C. W18Cr4V   D. 4CrW2Si   E. 4Cr13
   F. 9Mn2V   G. 40Cr   H. 60Si2Mn
8. 制造冷冲压件宜选_____,小弹簧宜选_____。

   A. 08F   B. 45   C. 65Mn   D. Q235
9. 工具锉刀宜选_____钢制造,凿子宜选_____钢制造。

   A. T8   B. T10A   C. T12   D. Q235
10. 请选择下列零件材料:磨床主轴_____,板弹簧_____,滚珠_____,汽车变速齿轮_____。

    A. Cr12   B. 1Cr18Ni9Ti   C. 40Cr   D. 20CrMnTi
    E. GCr15   F. 60Si2Mn

9.2.2 判断题

1. 载重汽车变速箱齿轮选用20CrMnTi钢制造,其工艺路线为:下料—锻造—渗碳—预冷淬火—低温回火—机加工—正火—喷丸—磨齿。   （   ）
2. 普通机床变速箱齿轮选用45钢制造,其工艺路线为:下料—锻造—正火—粗机加工—调质—精机加工—高频表面淬火—低温回火—精磨。   （   ）

9.2.3 单项选择题

1. 下列材料中,最适合制造机床床身的是( )。
   A. 40钢　　　　B. T12钢　　　　C. HT300　　　　D. KTH300-06
2. 下列材料中,最适合制造汽轮机叶片的是( )。
   A. 1Cr13钢　　　B. 1Cr17钢　　　C. 3Cr13钢　　　D. 4Cr13钢
3. 下列材料中,最适合制造汽车板弹簧的是( )。
   A. 60Si2Mn　　　B. 5CrNiMo　　　C. Cr12MoV　　　D. GCr15
4. 机械零部件80%以上的断裂失效是由( )的。
   A. 疲劳引起　　　B. 磨损引起　　　C. 超载引起　　　D. 蠕变引起
5. 用于制造渗碳零件的钢称为( )。
   A. 结构钢　　　　B. 合金钢　　　　C. 渗碳钢　　　　D. 工具钢

9.2.4 综合题

1. 用45钢制造机床齿轮,其工艺路线为:锻造—正火—粗加工—调质—精加工—高频感应加热表面淬火—低温回火—磨加工。说明各热处理工序的目的及使用状态下的组织。

2. 某汽车齿轮选用20CrMnTi材料制作,其工艺路线如下:
   下料—锻造—正火。① 切削加工—渗碳;② 淬火;③ 低温回火;④ 喷丸—磨削加工。请分别说明上述①、②、③和④项热处理工艺的目的及组织。

3. 选用材料必须考虑哪些原则?

4. 什么是零件的失效?零件的失效形式有哪些?

5. 某齿轮要求具有良好的综合力学性能,表面硬度50~55 HRC,选择45钢制造。加工工艺路线为:下料—锻造—热处理—机械粗加工—热处理—机械精加工—热处理—精磨。试说明工艺路线中各热处理工序的名称、目的。

6. 拟用T12钢制成锉刀,其工艺路线如下:锻打—热处理—机械加工—热处理—精加工。试写出各热处理工序的名称,并制定最终热处理工艺。

7. 选材题(将相应的材料序号填入选用材料对应的括号中)

① (　)磨床主轴　　　　　A) W18Cr4V
② (　)挖掘机铲斗的斗齿　　B) 55Si2Mn
③ (　)汽车缓冲弹簧　　　　C) CrWMn
④ (　)机床床身　　　　　　D) 38CrMoAlA
⑤ (　)手术刀　　　　　　　E) 7Cr17
⑥ (　)拉刀、长丝锥　　　　F) Q195
⑦ (　)仪表箱壳　　　　　　G) HT200
⑧ (　)麻花钻头　　　　　　H) ZGMn13

8. 选材题(将相应的材料序号填入选用材料对应的括号中)

① (　　)麻花钻头　　　　　　A)W6Mo5Cr4V2
② (　　)坦克履带　　　　　　B)55Si2Mn
③ (　　)汽车缓冲弹簧　　　　C)7Cr17
④ (　　)机床床身　　　　　　D)ZGMn13
⑤ (　　)手术刀　　　　　　　E)38CrMoAlA
⑥ (　　)镗床镗杆　　　　　　F)HT200

9. 将下列材料牌号与典型零件连线。

大冲模　　　　　　　　HT200
机床身　　　　　　　　Cr12
发动机连杆　　　　　　ZGMn13
载重汽车齿轮　　　　　40Cr
滚动轴承　　　　　　　9SiCr
板牙　　　　　　　　　4Cr13
医用手术刀　　　　　　W18Cr4V
高速铣刀　　　　　　　60Si2Mn
汽车板簧　　　　　　　GCr15SiMn
挖掘机斗齿　　　　　　20CrMnTi

10. 拟用 T10A 钢制造铣刀，其工艺过程如下：

下料→锻造→热处理1→机加工→热处理2→精加工。请写出各热处理工序的名称和作用。

11. 有 20CrMnTi、38CrMoAl、T12、45 四种钢材，请选择一种钢材制作汽车变速箱齿轮(高速中载受冲击)，并写出工艺路线，说明各热处理工序的作用。

12. 将下列材料牌号与典型零件连线。

拖拉机重要齿轮　　　　Cr2
重要螺栓　　　　　　　GCr9
机车弹簧　　　　　　　W18Cr4V
碎石机颚板　　　　　　5CrNiMo
精密量具　　　　　　　CrWMn
车床床身　　　　　　　HT250
中等冲模　　　　　　　20Cr
热锻模　　　　　　　　40Cr
高速钻头　　　　　　　60Si2Mn
滚动轴承　　　　　　　ZGMn13

13. 写出下列材料牌号中字母及数字的含义：Q235F、KTZ450-06、H68、LF5。

例如：HT100：表示灰铸铁，其最低抗拉强度为 100 MPa。

14. 用20CrMnTi制造汽车变速箱齿轮,要求齿面硬度58～60 HRC,中心硬度30～45 HRC,试写出加工工艺路线,并说明各热处理的作用和目的。

15. 为什么材料的失效分析与预防越来越受到重视?简述防止零部件失效的主要措施。

16. 把下列工程材料的类别填在表9-1里

表9-1 题16表

(1)H68	(2)W18Cr4V	(3)Q235-A.F
(4)1Cr18Ni9Ti	(5)GCr15	(6)QT600-02
(7)45	(8)HT200	(9)55Si2Mn
(10)KTH350-06	(11)T10A	(12)40Cr
(13)20	(14)ChSnSb11-6	(15)Q235C
(16)QSn4-3	(17)QAl7	(18)08
(19)T12	(20)Y30	(21)HT150
(22)35	(23)16Mn	(24)20Cr

17. 要制造齿轮、连杆、热锻模具、弹簧、冷冲压模具、滚动轴承、车刀、锉刀、机床床身等零件,试从下列牌号中分别选出合适的材料并叙述所选材料的名称、成分、热处理工艺和零件制成后的最终组织。

T10、65Mn、HT300、W6Mo5Cr4V2、GCr15Mo、40Cr、20CrMnTi、Cr12MoV、5CrMnMo。

18. 为表9-2所列零件选择适用的材料并安排相应的热处理方法或使用状态。备送材料有:20CrMnTi、W18Cr4V、16Mn、40Cr、1Cr18Ni9Ti、65Mn、GCr9。

表9-2 题18表

零件名称	选用材料	热处理方法或使用状态
发动机缸体		
气门弹簧		
汽车底盘纵梁		
汽车后桥齿轮		
汽车半轴		

19. 指出表9-3所列牌号是哪种钢?其含碳量约多少?

表9-3 题19表

牌 号	类 型	含碳量
20		
9SiCr		
40Cr		
5CrMnMo		

20. 试说明表 9-4 所列合金钢的名称及其主要用途。

表 9-4 题 20 表

牌 号	名 称	用 途
W18Cr4V		
5CrNiMo		

第二部分 材料成形技术学习指导与习题

第10章 金属液态成形

10.1 学习指导

10.1.1 学习目的和要求

了解金属液态成形的理论基础,能对一般的铸件选择适宜的铸造方法和合理的结构设计。

10.1.2 内容提要

1. 金属液态成形的概念、实质、特点
- 概念:将熔融的金属(合金)在重力或外力作用下充填到型腔中,待其冷却凝固后,获得所需形状和尺寸的毛坯或零件的工艺方法。
- 实质:利用了液体的流动成形。
- 特点:适应性广(不限铸件重量、合金种类、零件形状);成本低;最适合生产形状特别是内腔复杂的铸件。

2. 金属液态成形工艺基础

1) 熔融合金的流动性及充型能力

熔融合金流动性好,充填铸型的能力强,易于获得尺寸准确、外形完整和轮廓清晰的铸件;流动性不好,则充型能力差,铸件容易产生浇不足、冷隔、气孔和夹杂等缺陷。灰铸铁、硅黄铜流动性最好,铸钢流动性最差。

充型能力:是指熔融合金充满型腔,获得轮廓清晰、形状完整的优质铸件的能力。

2) 影响流动性及充型能力的主要因素

影响流动性及充型能力的主要因素有化学成分、浇注条件和铸型条件等。

纯金属和共晶成分合金(或愈接近共晶成分),合金的流动性愈好。提高浇注温度可提高其流动性,利于充型,但浇注温度不能太高,否则易产生缩孔、粘砂等缺陷;在保证流动性足够的条件下尽量采用较低的浇注温度。增大充型压力可改善熔融合金的充型能力,如增加直浇口的高度,或应用压力铸造、离心铸造等来增大充型压力。在浇注前将铸型预热到一定温度可使合金充型能力提高。

3) 合金的收缩

掌握不同阶段的收缩对铸件质量的影响,以及缩孔、缩松、内应力、变形和裂纹的形成原因及防止措施。

缩孔、缩松形成于铸件的液态收缩和凝固收缩的过程中,对于逐层凝固的合金,由于固、液两相共存区很小或没有,液固界面泾渭分明,已凝固区域的收缩就能顺利得到相邻液相的补充,如果最后凝固区的金属得不到液态金属的补充,就会在该处形成集中。适当控制凝固顺序,让铸件按远离冒口部分最先凝固,然后朝冒口方向凝固,最后才是冒口本身的凝固(即顺序凝固),就把缩孔转移到最后凝固部位——冒口中去,而去除冒口后的铸件则是所要的致密铸件。

具有结晶温度宽、趋于糊状凝固的合金,由于液固两相共存区很宽甚至布满整个端面,树枝状晶不断长大,枝晶分叉间的熔融合金被分离,彼此孤立隔开,其凝固受缩时难以得到补缩,形成许多微小空洞。这类合金即使采用顺序凝固的措施也无法彻底消除。

铸件内应力主要是由于铸件在固态下的收缩受阻引起的。内应力有热应力和机械应力两类。热应力是由于铸件壁厚不均匀,各部分冷却速度不同,以致在同一时期铸件各部分收缩不一致而相互约束引起的内应力。预防措施:实施同时凝固原则。机械应力是合金的线收缩受到铸型或型芯等的机械阻碍而形成的内应力。机械应力在落砂后便可自行消除。

同时凝固原则:尽量减小铸件各部位之间的温度差异,使铸件各部位同时冷却凝固,从而减小由冷却不一、收缩不一引起的热应力。措施:可在铸件的壁厚处加冷铁,并将内浇口设在薄壁处。同时凝固原则主要用于凝固收缩小的合金(如灰铸铁),以及壁厚均匀、合金结晶温度范围宽、但对致密性要求不高的铸件。

铸件的内应力将导致铸件发生变形甚至开裂。当铸件的内应力小于金属材料的抗拉强度时,铸件产生变形,超过金属材料的抗拉强度时,铸件便产生裂纹。

3. 砂型铸造(以砂质材料为主制作铸型的铸造工艺)

制作铸型即造型(制芯)是砂型铸造关键且最基本的工序,其是否合理,对铸件质量和成本有着重要的意义。

1) 手工造型

手工造型方法很多,应根据铸件结构特点、使用要求、批量大小及生产条件,从简化造型、保证质量、降低成本等方面综合比较,分析得出合理的造型方法。

2) 机器造型

由机器来完成紧砂和起模这两个基本操作称为机器造型。震压式造型机最常用,可获得均匀的紧实度。

3) 铸造工艺设计

为获得合格的铸件,减少造型(芯)工作量,降低铸造成本,在生产过程中需要合理制定铸造工艺方案和进行铸造工艺设计,即浇注位置选择,分型面选择,型芯、工艺参数确定,浇冒口和冷铁的类型及位置确定。

"浇注位置选择"应考虑符合铸件的凝固方式,避免生产铸造缺陷。

"分型面选择"应考虑便于起模,工艺简单。"浇注位置选择"和"分型面选择"是制定铸造工艺的第一步,直接影响到铸件质量、劳动生产率和铸件成本。

在"加工余量"、"拔模斜度"、"铸造圆角"、"铸造收缩率"等工艺参数的确定中,应掌握零件、铸件和模型三者之间在形状和尺寸等方面的差别与联系,三者形状相近,但铸件与零件相比要考虑加工余量、拔模斜度和铸造圆角等,而模型除了考虑这些方面外,还要考虑铸造收缩率、型芯头形状等。

4. 特种铸造

针对砂型铸造存在的问题,提出改进方法,从而产生了各种不同于砂型铸造的特种铸造方法。

1) 金属型铸造(也称永久性铸造)

金属型铸造是以金属型替代砂型形成的铸造。通过金属铸型与砂型的比较可知,金属型导热快,导致晶粒细化,力学性能提高,同时冷却快又使铸件易产生浇不足和冷隔缺陷,因此金属型需预热和喷刷涂料。金属铸型还能反复使用,从而提高生产率。金属型没有退让性,也不透气,因此,工艺上应采取开排气槽,控制铸件在铸型的停留时间。金属型铸造生产的铸件表面光滑,尺寸精度高。所以金属型铸造适用于大批量生产、具有较高质量、中等复杂程度的有色金属件。

金属型铸造有不适宜铸造壁厚较薄的铸件的缺点,若金属液在压力作用下充型并冷凝,则可弥补金属型铸造不适宜铸造壁厚较薄的铸件缺陷,这种铸造方法称"压力铸造",它适合于有色合金薄壁小铸件的大批量生产,但由于压铸高压、高速的特点,气体来不及析出而形成一些皮下气孔,因此压铸件不宜进行表面加工,也不宜进行热处理。

2) 离心铸造

离心铸造是通过液体金属在离心力的作用下充型结晶而获得铸件的铸造方法,离心铸造获得的铸件常为中空旋转体。

3) 熔模铸造

用蜡模替代模样,在蜡模表面上涂制一定强度的硬壳,融化掉硬壳内的蜡模形成所需的型腔,再在型腔内充入熔融的金属液,待其冷却,打掉外壳,取出铸件,称之为"熔模铸造",也称"失蜡铸造"。蜡模制取和硬壳的形成是熔模铸造工艺的两大工序。"熔模铸造"的特点是无分型面,铸件复杂程度及铸造合金不限,尺寸精度高,表面粗糙度低,难切削或应少切削。铸件不宜太大。

总之,各种铸造方法都有其特点,不能简单地认为某种方法最好或最差,必须根据铸件的大小、形状、结构特点、合金种类、质量要求、生产批量和成本以及生产条件等进行综合分析，才能正确地选择铸造方法。砂型铸造尽管有很多缺点，但因其适应性最强，且设备简单，仍是当前最基本的铸造方法。而特种铸造只有在特定的条件下，才能显示其优越性。

5. 常用合金的铸造生产特点

要获得优质铸件，除了良好的铸型外，还要有适当温度的优质液态铸造合金。下面以灰铸铁为主，介绍几种常用合金的生产特点。

1）铸铁件生产

铸铁件包括灰口铸铁、可锻铸铁、球墨铸铁和蠕墨铸铁等。以各种铸铁的组织特点为主线，了解其成分、铸造工艺及熔铸设备。重点掌握各自生产特点。表10-1列出了常用铸铁成分、组织、工艺及熔炼特点。

表10-1 常用铸铁一览表

种类	组织特征	成分特点	铸造工艺特点	牌号	熔炼特点	主要用途
灰口铸铁	钢的基体+片状石墨	接近于共晶成分	流动性好，石墨的膨胀导致收缩小，所以铸造性能优良	HT100～HT200 HT250～HT350 （需经孕育处理）	冲天炉为主，工频炉（孕育铸铁熔炼后需加硅铁孕育处理）	床身、箱体支座等减振、冲击载荷不大的零件
可锻铸铁	钢的基体+团絮状石墨	C、Si含量较低，以得到全白口组织，再在高温下长期退火，使Fe_3C分解得到团絮状石墨	流动性差，无石墨膨胀作用，收缩较大，所以铸造性能差	KTH350-10～KTH370-12（铁素体可铁）KTZ450-06～KTZ700-02（珠光体可铁）	冲天炉、工频炉等	薄壁小件（以得到全白口），如各种阀门和管接头等
球墨铸铁	钢的基体+球状石墨	高碳、低硅、低硫、低磷	铸造性能比灰口铸铁差，与其相比易形成夹渣、皮下气孔、缩孔等缺陷，流动性差	QT400-18～QT900-02	冲天炉。出炉后用稀土镁合金进行球化，再用75%的硅铁进行孕育处理	可代替部分钢件，如曲轴、连杆等重要件

续表 10-1

种类	组织特征	成分特点	铸造工艺特点	牌号	熔炼特点	主要用途
蠕墨铸铁	钢的基体＋蠕虫状石墨	与球铁成分基本相似,即高碳、低硫、有一定的 Si、Mn 含量	与球墨铸铁相似。球墨铸铁液中加入适量的蠕化剂,使大部分石墨呈蠕虫状析出	RuT260（铁素体基体）RuT300（铁素体＋珠光体基体）	与球墨铸铁相似,球墨铸铁铁液中加入适量的蠕化剂,使大部分石墨呈蠕虫状析出	气缸盖、气缸套、钢锭模等

2）铸钢件和有色金属铸件

分析铸钢件生产的特点,需围绕 $Fe-Fe_3C$ 相图中钢的部分来讨论。从相图中可知钢的熔点高,结晶温度范围较宽,因而流动性差,C 以 Fe_3C 形式存在,冷却时收缩大,易氧化吸气。由此决定了钢的铸造性能很差,因此在砂型铸造工艺等方面提出了高要求。

铜、铝等有色金属合金铸件,在熔炼过程中易氧化和吸气,可在铸造工艺上采取一定措施,如采用平稳引入金属液的开放式浇注系统,坩埚炉熔炼及合金液精炼等。

10.1.3 学习重点

铸造生产的原理、实质、特点与应用；合金铸造性能的流动性和收缩性对铸件质量的影响；铸件结构工艺性。

10.2 习题与思考题

10.2.1 区分以下名词

缩孔和缩松、出气口和冒口、定向凝固和顺序凝固、浇不足和冷隔。

10.2.2 填空题

1. 灰铸铁的流动性_____,铸钢的流动性_____。
2. 合金的收缩分为_____、_____和_____三个阶段。其中_____、_____是铸件产生缩孔和缩松的根本原因,而_____是铸件产生变形和裂纹的根本原因。
3. 影响铸铁石墨化的主要因素是铸铁的_____和_____。
4. 可锻铸铁中的石墨形态是_____；球墨铸铁中的石墨形态是_____；灰

铸铁中的石墨形态是_____;蠕墨铸铁中的石墨形态是_____。

5. 为防止铸件热裂,应控制铸钢、铸铁中的含_____量。为防止铸件冷裂,应控制铸钢、铸铁中的含_____量。

6. 液态金属的充型能力主要取决于液态合金的流动性。流动性不好的合金铸件易产生_____、_____、气孔、夹渣等铸造缺陷。

7. 按铸造应力产生的原因不同,应力可分为_____应力和_____应力。

8. 常见的铸造合金中,普通灰铸铁的收缩较_____,铸钢的收缩较_____。

9. 为充分发挥冒口的补缩作用,减少缩孔,铸件常采用_____凝固方式。

10. 铸钢铸造性能差的原因主要是_____。

11. _____铸造方法生产的铸件,不能进行热处理,也不适合在高温下使用。

12. 为消除铸造热应力,在铸造工艺上应尽量保证_____凝固。

10.2.3 判断题

1. 手工造型的特点是适应性强、设备简单、生产准备时间短、成本低,在成批和大量生产中采用机械造型。 (　　)
2. 对于塑性很差的材料,铸造几乎是其唯一成形的方法。 (　　)
3. 熔模铸造不需要分型面。 (　　)
4. 合金的流动性越好,则充型能力越差。 (　　)
5. 铸造合金的流动性与成分有关,共晶成分合金的流动性好。 (　　)
6. 为防止由于铸造合金充型能力不良而造成冷隔或浇不足等缺陷,生产中采用最方便有效的方法是提高浇注温度。 (　　)
7. 手工砂型铸造适用于小批量铸件的生产。 (　　)
8. 合金的液态、凝固收缩是形成铸件缩孔和缩松的基本原因。 (　　)
9. 铸造合金的固态收缩大,则铸件易产生应力、变形。 (　　)
10. 铸件中的缩孔(松)是由于合金的液态收缩和凝固收缩造成的。 (　　)
11. 定向(顺序)凝固、冒口补缩,增大了铸件产生应力的倾向。 (　　)
12. 防止铸件产生缩松的有效措施是选择结晶温度范围较宽的合金。 (　　)
13. 为防止铸件产生缩孔,便于按放冒口,铸件应采用顺序凝固原则。 (　　)
14. 铸件厚壁处产生热应力是拉应力。铸件薄壁处产生热应力是压应力。 (　　)
15. 为防止铸件产生热应力,铸件应采用顺序凝固原则。 (　　)
16. 机床床身由于热应力的影响,其变形方向为向下凸。 (　　)
17. 防止铸件变形的措施除设计时使壁厚均匀外,还有反变形法。 (　　)
18. 铸造时铸件的重要工作面或主要加工面应放在下面或侧面。 (　　)
19. 铸件同时凝固主要适用于灰口铸铁件。 (　　)
20. 对压铸而言,铸件不能热处理。 (　　)

21. 关于金属型铸造,铸铁件难以完全避免产生白口组织。 （ ）
22. 铸件上最易产生气孔、夹渣、砂眼等缺陷的部位是铸件的上面。 （ ）
23. 铸钢件常采用定向凝固法浇注,是因为铸钢件体积收缩大。 （ ）
24. 铸件设计结构圆角的作用是防止裂纹。 （ ）
25. 砂型铸造时,铸件壁厚若小于规定的最小壁厚时,铸件易出现缩孔与缩松。
（ ）
26. 确定浇注位置时,将铸件薄壁部分置于铸型下部的主要目的是避免浇不足。
（ ）
27. 按照气体的来源,铸件中的气孔分为侵入性气孔、析出性气孔和反应性气孔,因铝合金液体除气效果不好等原因,铝合金铸件中常见的"针孔"属于析出性气孔。
（ ）
28. 铸造生产的特点是成形方便、适应性强、成本较低;铸造力学性能较低、铸件质量不够稳定、废品率高等。 （ ）
29. 铸造铝合金活塞,适宜的铸造方法是金属型铸造。 （ ）
30. 大批量生产形状复杂的小型铝合金铸件,合适的铸造方法是压力铸造。
（ ）
31. 助动车发动机缸体,材料 ZL202,1 万件,其毛坯成形工艺为低压铸造。
（ ）
32. 大批量生产气缸套时,最适宜的铸造方法是离心铸造。 （ ）
33. 铸造小型柴油机曲轴,适宜采用的铸造方法是砂型铸造。 （ ）

10.2.4 单项选择题

1. 铸造过程中对提高铸铁的流动性最有效的措施是(　　)。
   A. 降低浇注温度　　　　　B. 减少直浇口高度
   C. 选用接近共晶成分的金属　D. 降低碳硅含量
2. 灰口铸铁适合制造床身、机架、底座、导轨等结构,除了铸造性和切削性优良外,还因为(　　)。
   A. 抗拉强度好　B. 抗弯强度好　C. 耐压消振　D. 冲击韧性高
3. 机床床身的材料一般是由(　　)材料制成的。
   A. 铸钢　　　　B. 球铁　　　　C. 普通灰口铸铁　　D. 可锻铸铁
4. 形状对称、最大截面在中间的铸件宜采用(　　)。
   A. 两箱造型　　B. 三箱造型　　C. 挖砂造型　　D. 活块造型
5. 形状复杂,尤其是内腔特别复杂的毛坯最适合的生产方式是(　　)。
   A. 锻造　　　　B. 铸造　　　　C. 冲压　　　　D. 型材
6. 合金的化学成分对流动性的影响主要取决于合金的(　　)。
   A. 凝固点　　　B. 凝固温度区间　C. 熔点　　　　D. 过热温度

7. 下列因素中,能提高液态合金充型能力的是(　　)。
   A. 采用金属型　　B. 采用凝固温度范围宽的合金
   C. 增加充型压力　D. 降低浇注温度
8. 形状复杂的高熔点难切削合金精密铸件的铸造采用(　　)。
   A. 金属性铸造　B. 熔模铸造　C. 压力铸造　D. 低压铸造
9. 液态金属浇注温度过高,容易使铸件产生的缺陷是(　　)。
   A. 缩孔　　　　B. 冷隔　　　C. 浇不足　　D. 砂眼
10. 倾向于缩松的合金成分为(　　)。
    A. 纯金属　　　B. 结晶温度范围宽的合金
    C. 共晶成分　　D. 逐层凝固的合金
11. 糊状凝固的铸造合金缩孔倾向虽小,但极易产生(　　)。
    A. 缩松　　　　B. 裂纹　　　C. 粘砂　　　D. 夹渣
12. 铸件如有什么样的缺陷,承受气压和液压时将会渗漏(　　)。
    A. 浇不足　　　B. 缩松　　　C. 偏析　　　D. 粘砂
13. 冷铁配合冒口形成定向凝固,能防止铸件(　　)。
    A. 缩孔、缩松　B. 裂纹　　　C. 变形　　　D. 应力
14. 普通灰铸铁件生产时,工艺上一般采取的凝固原则是(　　)。
    A. 糊状凝固　　B. 逐层凝固　C. 定向凝固　D. 同时凝固
15. 铸件同时凝固主要适用于(　　)。
    A. 灰口铸铁件　B. 铸钢件　　C. 铸铝件　　D. 球墨铸铁件
16. 下列合金铸造时,不易产生缩孔、缩松的是(　　)。
    A. 普通灰铸铁　B. 铸钢　　　C. 铝合金　　D. 铜合金
17. 控制铸件同时凝固的主要目的是(　　)。
    A. 减少应力　　B. 防止夹砂　C. 消除气孔　D. 消除缩松
18. 在 Fe-C 合金中,易使铸件产生冷裂的是(　　),热裂的是(　　)。
    A. 碳　　　　　B. 硅　　　　C. 磷　　　　D. 硫
19. 灰口铸铁与钢相比较,机械性能相近的是(　　)。
    A. 冲击韧性　　B. 塑性　　　C. 抗压强度　D. 抗拉强度
20. 可锻铸铁适宜制造薄壁小件,这是由于浇注时其(　　)。
    A. 流动性较好　B. 收缩较小　C. 易得到白口组织　D. 石墨化完全
21. 关于球墨铸铁,下列叙述错误的是(　　)。
    A. 可以进行调质,以提高机械性能　B. 抗拉强度可优于灰口铸铁
    C. 塑性较灰口铸铁差　　　　　　　D. 铸造性能不及灰口铸铁
22. 确定分型面时,尽量使铸件全部或大部分放在同一砂箱中,其主要目的是(　　)。
    A. 操作方便　　　　　　　　　　　B. 利于补缩铸件

C. 防止错箱　　　　　　　　D. 利于金属液充填型腔

23. 铸造高速钢铣刀毛坯,适宜采用的铸造方法是(　　)。
　　A. 砂型铸造　　B. 金属型铸造　　C. 熔模铸造　　D. 压力铸造

24. 生产熔点高、切削加工性差的合金铸件选用(　　)。
　　A. 金属型铸造　　B. 熔模铸造　　C. 压力铸造　　D. 离心铸造

25. 熔模铸造的铸件不能太大和太长,其重量一般不超过 45 kg 这是由于(　　)。
　　A. 铸件太大,降低精度　　　　B. 蜡模强度低,容易折断
　　C. 工序复杂,制作不便　　　　D. 生产周期长

26. 大批量制造小件薄壁有色金属铸件宜采用的铸造方法是(　　)。
　　A. 砂型铸造　　B. 金属型铸造　　C. 压力铸造　　D. 熔模铸造

27. 离心铸造适宜于(　　)。
　　A. 形状复杂的铸件　　　　　　B. 型芯较多的铸件
　　C. 平板型铸件　　　　　　　　D. 空心回转体型铸件

28. 铸造大型铸铁支座,适宜采用的铸造方法是(　　)。
　　A. 离心铸造　　B. 砂型铸造　　C. 压力铸造　　D. 熔模铸造

29. 成批生产车床,其床身的成形方法应选(　　)。
　　A. 砂型铸造　　B. 熔模铸造　　C. 压力铸造　　D. 金属型铸造

10.2.5　综合题

1. 何谓合金的充型能力?影响充型能力的主要因素有哪些?
2. 合金的流动性与充型能力有何关系?为什么共晶成分的金属流动性比较好?
3. 合金的充型能力不好时,易产生哪些缺陷?设计铸件时应如何考虑充型能力?
4. 既然提高浇注温度可提高液态合金的充型能力,但为什么又要防止浇注温度过高?
5. 简述缩孔产生的原因及防止措施。
6. 简述缩松产生的原因及防止措施。
7. 缩孔与缩松对铸件质量有何影响?为何缩孔比缩松较容易防止?
8. 为什么对薄壁铸件和流动性较差的合金,采用高温快速浇注?
9. 什么是定向凝固原则?什么是同时凝固原则?各需采用什么措施来实现?上述两种凝固原则各适用于哪种场合?
10. 浇注温度过高、过低常出现哪些铸造缺陷?说明解决办法。
11. 哪类合金易产生缩孔?哪类合金易产生缩松?如何促进缩孔向缩松转化?
12. 金属型铸造为何能改善铸件的力学性能?灰铸铁用金属型铸造时,可能遇到哪些问题?

13. 下列铸件大批量生产时,采用什么铸造方法最好?

铝活塞(   ),气缸套(   ),汽车喇叭(   ),缝纫机头(   ),汽轮机叶片(   ),带轮及飞轮(   ),大口径铸铁管(   ),发动机缸体(   )。

14. 铸钢的铸造性能如何?铸造工艺上的主要特点是什么?

15. 分析图 10-1 中两种 T 形铸件热应力的分布情况,并指出热应力引起铸件变形的趋势。

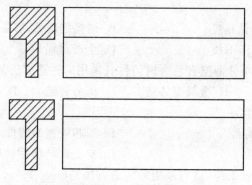

图 10-1 题 15 图

16. 图 10-2 为应力框铸件,凝固冷却后沿 $A-A$ 线锯断,此时断口间隙大小会产生什么变化?试分析原因。

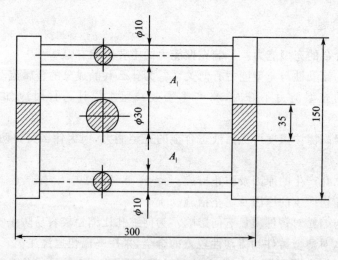

图 10-2 题 16 图

17. 何谓铸件的结构斜度?它与起模斜度有何不同?图 10-3 铸件的结构是否合理?应如何改进?

18. 铸件为何要有结构圆角?图 10-4 所示托架中哪些圆角不够合理?如何改进?

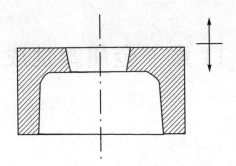

图 10-3　题 17 图

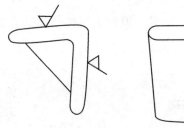 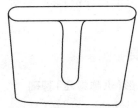

图 10-4　题 18 图

19. 普通压铸件是否能够进行热处理，为什么？

20. 为什么用金属型铸造生产灰铸铁件常出现白口组织？生产中如何预防和消除白口组织？

21. 影响铸铁石墨化的主要因素是什么？为何铸铁牌号不用化学成分来表示？

22. 为何球墨铸铁的强度和塑性比灰铸铁高？而铸造性能比灰铸铁差？

23. 为何可锻铸铁只适宜生产薄壁小铸件？壁厚过大易出现什么问题？

24. 某产品上的铸铁件壁厚分别有 5 mm、20 mm、52 mm 三种，力学性能全部要求 $\sigma_b = 150$ MPa，若全部采用 HT150 是否正确？为什么？

第11章 金属塑性成形

11.1 学习指导

11.1.1 学习目的和要求

了解金属塑性成形的理论基础,能对一般的锻压件选择适宜的塑性成形加工方法和合理的结构设计。

11.1.2 内容提要

1. 金属塑性成形(也称锻压)基础

1) 金属塑性成形性能

衡量金属通过压力加工获得优质零件难易程度的工艺性能称为金属的塑性成形性能。

金属材料的塑性成形好,则该金属材料适于压力加工。衡量金属材料的塑性成形性能,常从金属的塑性和变形抗力两方面考虑,金属材料塑性越好,变形抗力越小。金属塑性是指金属材料在外力作用下,发生永久变形而不开裂的能力。金属塑性常用伸长率 δ 和截面收缩率 φ 两个指标表示。金属塑性成形时遵循的基本规律有最小阻力定律、加工硬化和体积不变定律等。

加工硬化:随着变形程度的增加,塑性和韧性下降、硬度和强度提高的现象。

2) 影响金属成形性能的内在因素与加工条件

影响金属成形性能的内在因素与加工条件主要有化学成分、变形温度、变形速度和应力状态。

不同化学成分的金属其塑性与变形抗力不同。纯金属的塑性成形性能较合金好。

随着变形程度的提高,金属变形抗力减小,塑性提高。变形温度升高到再结晶温度以上时,加工硬化不断被再结晶软化消除,金属塑性成形性能进一步提高。因此加热是金属塑性变形中很重要的加工条件。但加热温度要控制在一定范围内,选择适当的"始锻"和"终锻"温度,否则会出现"过热"和"过烧"现象。"过热"使金属塑性下降,"过烧"则使坯料报废。

变形速度的影响有双重性,一般而言。提高变形速度,金属的再结晶来不及消除加工硬化,使金属的塑性下降,变形抗力增加,可锻性下降。当变形速度达到某一临界值后,随着变形程度的增加,塑性增加,可锻性也随之提高。高速锤就是利用此原理。常用的各种锻造方法,变形速度都低于临界速度,对塑性差的材料,可采用减慢变形速度的工艺以防断裂。

应力状态对可锻性的影响:金属各向受拉时,塑性较小,受压时,塑性较大。在三向压力状态下,压应力数目越多,则其塑性越好,拉应力数目越多,则其塑性越差。

3) 金属塑性变形对组织和性能的影响

> 冷变形(冷成形) 冷变形是指在再结晶温度以下的变形。其特点是金属变形后具有加工硬化现象,即金属的强度硬度提高塑性韧性下降的现象。冷变形制品的产品尺寸精度高、表面质量好;对于那些不能或不宜用热处理方法提高强度、硬度的金属构件(尤其是薄壁细长件),利用金属在冷变形过程中的加工硬化来提高构件的强度和硬度不但有效,而且经济,例如各类冲压件、冷轧、冷挤型材、冷拉线材等,故冷变形应用非常广泛。

> 热变形(热成形) 在再结晶温度以上的变形。其特点是金属在热变形的过程中始终保持着良好的塑性,尤其塑性和韧性明显提高。热变形使金属材料内部形成纤维组织,力学性能具有方向性。纤维组织形成后,不能用热处理的方法消除,只能通过锻造方法使金属在不同方向变形,来改变纤维的方向和分布。热变形金属表面易氧化,尺寸精度和表面粗糙度较冷变形低。劳动强度和设备维修工作量大。广泛应用于大变形量的热轧、热挤及高强度高韧度毛坯的锻造生产。

2. 自由锻

1) 自由锻工艺特点及应用

自由锻成形过程中坯料整体或局部塑性成形,除与上下砧铁接触的金属部分受到约束外,金属坯料在水平方向能自由变形流动,其形状、尺寸取决于操作者的技术水平,锻件质量不受限制;自由锻可使用多种锻压设备(蒸汽锤、空气锤、液压机等),锻造工具简单且通用性大,操作方便,但生产率低,金属损耗大劳动条件差。

2) 自由锻工艺规程

自由锻工艺规程包括绘制锻件图,选择锻造工序和锻造比、计算坯料质量和尺寸、选择锻造设备和锻造温度等。敷料(余块)是为了简化锻件外形而增加的金属。如零件上的凸台、台阶、斜面等。敷料可减小锻造难度,提高生产率。锻造设备的选择,根据各类设备的锻造能力。空气锤吨位小于 10 kN,主要生产小型锻件,蒸汽锤吨位小于 50 kN,主要生产中、小型锻件,水压机吨位可达 10^5 kN,主要生产大型锻件。

3) 自由锻结构工艺性

由于自由锻本身的特点,锻件外形结构复杂程度受到很大限制,避免斜面、锥面及其他复杂结构,非平面交接结构及加强筋、小凸台等,自由锻锻件均应设计成简单、平直的形状。

3. 模　锻

1) 模锻工艺特点及应用

模锻时坯料整体塑性成形,三向受压。坯料放于固定锻模模膛中,当上模做上下往复运动时,对置于下模中的金属坯料直接锻击,使坯料发生塑性变形充满模膛。模锻是热成形,可生产各种外形的锻件,锻件形状受成形过程、模具条件和锻造力的限制。根据生产量和采用的成形工艺选模锻设备。模锻件有受形状和质量的限制、锻模造价高、制造周期长等缺点。适用于大批量生产的中小型锻件。

2) 模锻工艺规程

模锻工艺规程包括绘制锻件图,选择锻造工序、锻模模膛设计,选择锻造设备和锻造温度等。在模锻件图工艺设计时,应考虑分模面、公差、余量、模锻斜度、圆角半径、冲孔连皮等。其中分模面的选择非常重要,它决定了金属在终锻模膛中充填的难易、锻件能否顺利取出及锻模是否容易制造等问题。

模锻件的形状决定了模锻锻造工序,如长轴类零件常选用拔长、滚压、弯曲、预锻和终锻等工序,而形状简单的盘类锻件,选用终锻工序即可完成成形。模锻模膛可分为制坯模膛、预锻模膛和终锻模膛。终锻模膛的形状应与锻件形状相同,尺寸比锻件尺寸放大一个收缩量。便于坯料和锻件出模,垂直于分模面的表面应有斜度,在锻模上两个面相交处以圆角过渡,其作用是减小坯料流入模膛的阻力和减小转角处的应力集中。模膛四周飞边槽的作用是容纳被挤出的多余金属。模锻无法直接锻出通孔锻件,锻件中间留有一层冲孔连皮,与飞边一同切除。

对于简单锻件只需终锻模膛一次成形,对于形状复杂锻件需经过制坯模膛、预锻模膛逐步成形,使坯料变形接近于锻件的外形和尺寸。制坯模膛如滚压模膛等实现坯料体积的重新分配。预锻模膛与终锻模膛区别在于预锻模膛的圆角和斜度较大,无飞边槽。

3) 模锻结构工艺性

合理设计分模面、模锻斜度、圆角半径等,使金属易于充满模膛。

4. 板料冲压

1) 特点及应用

板料冲压在常温下进行,由于塑性变形产生的加工硬化使冲压件的强度刚度提高,加上冲压模具能保证很高的精度,所以无需进一步加工就可直接作为零件使用,特别适合轻质薄壁件生产且生产率高。适合大批量生产。

2) 冲压工序及变形特点

冲压工序分为分离工序和变形工序。落料和冲孔属于分离工序,弯曲、拉深属于变形工序。了解弯曲时板料各层的受力和变形情况,拉深时板料各部分受力情况。落料和冲孔时,凸凹模刃口要锋利、间隙要合理;弯曲时控制相对弯曲半径,拉深时凸凹模的顶角做成圆角,合理的间隙和拉深系数等。

其他如旋压、翻边、胀形等做一般了解。

3) 冲压模具

冲压模具按工序组合分为简单冲模、连续冲模和复合冲模三种。简单冲模和复合冲模只在一个工位上完成工作,在一次行程中,简单冲模只完成一道工序,复合冲模则完成多道工序。连续冲模是在一次行程中,在板料上顺序完成多个工序。

11.1.3 学习重点

金属塑性(固态)变形基础,自由锻、模锻和板料冲压的特点应用及结构工艺性。

11.2 习题与思考题

11.2.1 名词解释

加工硬化、回复、再结晶、热加工、冷加工。

11.2.2 填空

1. 自由锻的基本工序有_____、_____、_____等。
2. 金属可锻性的评定指标是 _____ 和 _____。在锻造生产中,金属的塑性_____和变形抗力_____,则其锻造性好。
3. 金属的可锻性(锻造性能)取决于_____和_____。
4. 影响金属可锻性的加工条件因素主要有 _____、_____ 和 _____三方面。
5. 热变形是指金属在_____以上的变形。
6. 金属材料经锻造后,可产生纤维组织,在性能上表现为_____。
7. 热变形的金属,变形后金属具有_____,不会产生_____。
8. 锻造时,金属允许加热到的最高温度称_____,停止锻造的温度称_____。
9. 自由锻工序可分为_____、_____和_____三大类。
10. 自由锻生产中,使坯料横截面积减小,长度增加的工序称为_____。
11. 深腔件经多次拉伸变形后应进行_____热处理。
12. 自由锻生产中,使坯料高度减小、横截面积增大的工序称为_____。
13. 绘制锻件图时,为简化锻件形状,便于进行锻造而增加的那部分金属称为_____(余块)。
14. 常用的自由锻造设备有_____、_____和_____等。
15. 根据自由锻设备对坯料施加外力的性质不同,可分为_____和_____两大类。
16. 空气锤是自由锻常用设备,500 kg 空气锤指的是 _____部分质量为

500 kg。

17. 锻压生产中,金属在加热时可能出现的缺陷是_____现象。
18. 冲孔和落料的加工方法相同,只是作用不同,落料冲下的部分是_____,冲孔被冲下的部分是_____。
19. 锻件余量的大小与零件材料、形状、尺寸等有关,零件越大,形状越复杂,余量越_____。
20. 锤上模锻的模膛根据其功用不同可分为_____和_____两大类。
21. 锤上模锻的制坯模膛有_____、_____、_____和_____。
22. 锤上模锻的制坯模膛中,用来减小某部分的横截面积以增大另一部分的横截面积的模膛称为_____。
23. 锤上模锻的模锻模膛分为_____和_____两种。
24. 对带孔的模锻件,由于不能靠上下模的凸起部分把金属完全挤掉,故终锻后在孔内留下一薄层金属,这层金属称为_____。
25. 利用自由锻设备进行模锻生产的锻造方法称为_____。
26. 冷冲压件的材料一般是_____碳钢。
27. 冲压生产的基本工序有_____和_____两大类。
28. 冲裁时,板料的分离变形过程可分为_____变形阶段、_____变形阶段和_____阶段。
29. 板料冲压时,坯料按封闭轮廓分离的工序叫_____。
30. 板料冲压时,坯料按不封闭轮廓分离的工序叫_____。
31. 板料冲裁包括_____和_____两种分离工序。
32. 板料冲压的冲裁工序中,冲落部分为成品,余料为废料的工序称为_____。
33. 板料冲压的冲裁工序中,冲落部分为废品工序称为_____。
34. 冲孔工艺中,周边为_____,冲下部分为废品。
35. 冲孔工序中的凸模刃口尺寸取决于_____的尺寸。
36. 落料工序中的凹模刃口尺寸取决于_____的尺寸。
37. 板料拉深时,拉深系数越小,表示变形程度越_____。
38. 当拉深件因拉深系数太小不能一次拉深成形时,应采用_____拉深成形。
39. 板料冲压的变形工序中,在带孔的平板坯料上用扩孔的方法获得凸缘的工序称为_____。
40. 在冲床的一次冲程中,在模具的不同部位上同时完成数到冲压工序的模具称为_____。

11.2.3 判断题

1. 锻压可以生产形状复杂,尤其是内腔复杂的零件毛坯。　　　　(　　)

2. 在通常的生产设备条件下,变形速度越大,锻造性越差。（　）
3. 综合评定金属可锻性的指标是塑性及变形抗力。（　）
4. 变形区的金属受拉压力的数目越多,塑性越好。（　）
5. 在再结晶温度以上的塑性变形称热变形,热变形时加工硬化与再结晶过程同时存在,加工硬化又被再结晶消除,所以热变形可使金属保持良好的塑性。（　）
6. 锻造前加热时应避免金属过热和过烧,一旦出现过热,部分金属可采取热处理消除,过烧则报废。（　）
7. 锻造时对金属加热的目的是降低变形抗力。（　）
8. 终锻温度是停止锻造的温度,如果终锻温度过高会引起晶粒粗大,过低会产生裂纹。（　）
9. 锻件拔长时,其锻造比 Y 应等于坯料截面积与拔长后最大截面积之比。（　）
10. 锻件镦粗时的锻造比等于坯料镦粗前与镦粗后的高度之比。（　）
11. 为简化锻件形状,将小孔、凹档、小台阶不予锻出而添加的那部分金属,称为敷料。（　）
12. 为了消除锻件中的纤维组织,可以用热处理方法实现。（　）
13. 在设计制造零件时,应使零件所受切应力与纤维方向垂直,正应力与纤维方向一致。（　）
14. 板料冲裁时,若不考虑模具的磨损,落料凹模刃口尺寸应等于落料件尺寸,则落料凸模的尺寸应等于落料件尺寸减去间隙。（　）
15. 板料冲裁时,若不考虑模具的磨损,冲孔凸模的尺寸应等于落料件尺寸,则冲孔凹模的尺寸应等于落料件尺寸加上间隙。（　）
16. 设计弯曲模时,为保证成品件的弯曲角度,须使模具的角度比成品件角度小一回弹角。（　）
17. 板料在冲压弯曲时,弯曲圆弧的弯曲方向应与板料的纤维方向垂直。（　）
18. 为防止错模,模锻件的分模面选择应尽量使锻件位于一个模膛。（　）
19. 拉深模和落料模的边缘都应是锋利的刃口。（　）
20. 可锻铸铁零件可以用自由锻的方法生产。（　）
21. 金属材料加热温度越高,越变得软而韧,锻造越省力。（　）
22. 碳钢比合金钢容易出现锻造缺陷。（　）
23. 自由锻所需坯料的质量与锻件的质量相等。（　）
24. 自由锻件的精度较模锻件的高。（　）
25. 在模锻件上两平面的交角处,一般均需做成圆角,目的是金属易于充满模膛。（　）

11.2.4 单项选择题

1. 金属经冷塑性变形后,其力学性能下降的是( )。
   A. 弹性　　　　B. 塑性和韧性　　C. 强度　　　　D. 硬度
2. 下列材料中哪种钢的锻造性能最好( )。
   A. T12A　　　　B. 45　　　　　　C. 20　　　　　D. 9SiCr
3. 下列材料中锻造性能最好的是( )。
   A. 0.77％C　　　B. 0.2％C　　　　C. 1.2％C　　　D. 2.1％C
4. 下列钢中锻造性较好的是( )。
   A. 中碳钢　　　B. 高碳钢　　　　C. 低碳钢　　　D. 合金钢
5. 选择金属材料生产锻件毛坯时,首先应满足( )。
   A. 塑性好　　　B. 硬度高　　　　C. 强度高　　　D. 无特别要求
6. 影响金属材料可锻性的主要因素之一是( )。
   A. 锻件大小　　B. 锻造工序　　　C. 锻工技术水平　D. 化学成分
7. 对于锻造齿轮,其流线的最佳分布是( )。
   A. 沿轴线　　　B. 沿轮廓　　　　C. 沿径向　　　D. 无所谓
8. 终锻模膛的尺寸与锻件相近,但比锻件放大一个( )。
   A. 加工余量　　B. 收缩量　　　　C. 氧化皮量　　D. 飞边量
9. 对薄壁弯曲件,如弯曲半径过小则会引起( )。
   A. 飞边　　　　B. 裂纹　　　　　C. 回弹　　　　D. 拉穿
10. 绘制自由锻锻件图时,为简化锻件形状,需加上( )。
    A. 敷料　　　　B. 余量　　　　　C. 斜度　　　　D. 公差
11. 自由锻件控制其高径比(H/D)为1.5～2.5的工序是( )。
    A. 拔长　　　　B. 冲孔　　　　　C. 镦粗　　　　D. 弯曲
12. 生产大型锻件时应选用的锻造方法为( )。
    A. 冲压　　　　B. 锤上模锻　　　C. 胎模锻　　　D. 自由锻
13. 锻造几吨重的大型锻件,一般采用( )。
    A. 自由锻造　　B. 模型锻造　　　C. 胎模锻造　　D. 辊锻
14. 加工重量约2.5 t的大型锻件,应优先选用的锻造方法是( )。
    A. 自由锻造　　B. 胎模锻造　　　C. 模型锻造　　D. 辊锻
15. 在下列加工方法中,应选用( )的方法加工大型轴类毛坯。
    A. 自由锻　　　B. 模锻　　　　　C. 切削加工　　D. 压力铸造
16. 空气锤是自由锻设备,500 kg 空气锤指的是( )。
    A. 锤击力500 kg　　　　　　　　B. 锤头质量500 kg
    C. 落下部分质量500 kg　　　　　D. 静压力500 kg
17. 大批量生产形状复杂的中小型锻件宜采用( )。

A. 自由锻　　　　B. 胎模锻　　　　C. 模锻　　　　D. 冲压

18. 模锻件的尺寸公差与自由锻件的尺寸公差相比为(　　)。
A. 相等　　　　B. 相差不大　　　　C. 相比要大得多　　　　D. 相比要小得多

19. 在锤上模锻中,带有飞边槽的模膛是(　　)。
A. 预锻模膛　　　　B. 终锻模膛　　　　C. 制坯模膛　　　　D. 切断模膛

20. 截面相差较大的轴、杆类模锻件,制坯常需(　　)。
A. 镦粗　　　　B. 拔长　　　　C. 滚压　　　　D. 错移

21. 锤上模锻的制坯模膛中,用来减少坯料某部分横截面积,以增大坯料另一部分横截面积的模膛称为(　　)。
A. 拔长模膛　　　　B. 滚挤模膛　　　　C. 弯曲模膛　　　　D. 切断模膛

22. 模锻件上平行于锤击方向(垂直于分模面)的表面必须有斜度,其原因是(　　)。
A. 增加可锻性　　　　　　　　B. 防止产生裂纹
C. 飞边易清除　　　　　　　　D. 便于从模膛取出锻件

23. 带通孔的锻件,模锻时孔内留有一层金属叫(　　)。
A. 毛刺　　　　B. 飞边　　　　C. 余料　　　　D. 冲孔连皮

24. 锻造 10kg 重的小锻件选用的锻造设备是(　　)。
A. 蒸汽空气锤　　　　B. 空气锤　　　　C. 压力机　　　　D. 随意

25. 利用自由锻设备进行模锻生产的工艺方法称为(　　)。
A. 自由锻　　　　B. 锤上模锻　　　　C. 胎模锻　　　　D. 压力机上模锻

26. 变速箱中传动轴,其毛坯的成形方法当是(　　)。
A. 锻造　　　　B. 铸造　　　　C. 焊接　　　　D. 型材

11.2.5　综合题

1. 什么是金属的可锻性?可锻性用什么来衡量?简要叙述影响可锻性的因素。
2. 简述变形速度对塑性和变形抗力的影响。
3. 解释铸锭锻造后力学性能提高的原因。
4. 简述化学成分和金相组织对金属可锻性的影响。
5. 简述应力状态对塑性和变形抗力的影响。
6. 金属在锻造前为何要加热?加热温度为什么不能过高?
7. 金属锻造时始锻温度和终锻温度过高或过低各有何缺点?
8. 许多重要的工件,为什么在锻造过程中要安排镦粗工序?
9. 如图 11-1 所示带头部的轴类零件,在单件小批量生产条件下,若法兰头直径 D 较小,轴杆 l 较长时(见图 11-1(a)),应如何锻造?若法兰头直径 D 较大,轴杆 l 较短时(见图 11-1(b)),应如何锻造?
10. 模锻与自由锻相比,有何优点?

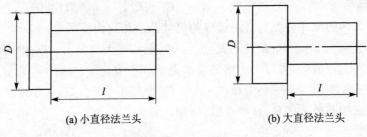

(a) 小直径法兰头 (b) 大直径法兰头

图 11-1 题 9 图

11. 与自由锻相比,模锻具有哪些特点?

12. 按功用不同,锻模模膛如何分类?

13. 预锻模膛和终锻模膛的作用有何不同?什么情况下需要预锻模膛?

14. 模锻时,预锻模膛的作用是什么?它的结构与终锻模膛有何不同?

15. 锤上模锻的终锻模膛设有飞边槽,其作用是什么?是否各种模膛都要有飞边槽?

16. 为什么要考虑模锻斜度和圆角半径?锤上模锻带孔的锻件时,为什么不能锻出通孔?

17. 如图 11-2 所示锻件,在大批量生产时,其结构是否适于模锻的工艺要求?如有不当,请修改并简述理由。

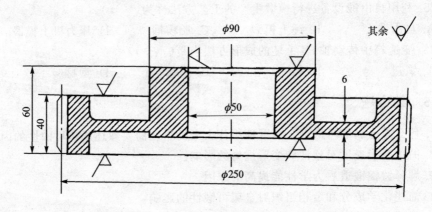

图 11-2 题 17 图

18. 图 11-3 所示三种结构连杆,采用锤上模锻制造,请确定分模面位置。

19. 分析图 11-4 所示的托架由哪几个工序完成,确定其毛坯的冲裁工艺,并画出排样图。

20. 采用 1.5 mm 厚低碳钢板大批量生产图 11-5 所示冲压件,试确定冲压基本工序图。

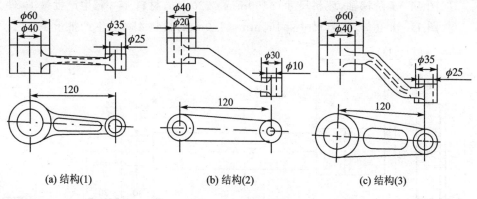

(a) 结构(1)　　　　　(b) 结构(2)　　　　　(c) 结构(3)

图 11-3　题 18 图

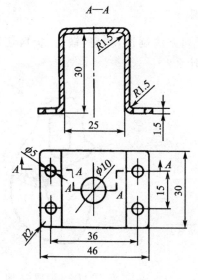

图 11-4　题 19 图

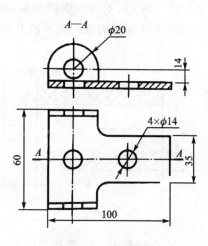

图 11-5　题 20 图

21. 图 11-6 壁厚 1.5 mm 08 钢圆筒拉深件，能否一次拉深？若不能，确定拉深次数。

22. 什么是板料冲压？有哪些特点？主要的冲压工序有哪些？

23. 拉深件在拉深过程中易产生哪两种主要缺陷，如何解决？

24. 拉深模的圆角半径和模具间隙对拉深质量有何影响？

25. 采用锻造方法制造零件，选择自由锻基本工序。

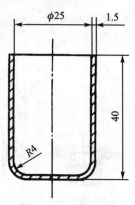

图 11-6　题 21 图

① 图 11-7 阶梯轴,坯料尺寸:$\phi 150mm \times 220mm$;材料 45 钢,生产批量 10 件。
② 图 11-8 套筒,坯料尺寸:$\phi 150mm \times 170mm$;材料 45 钢,生产批量 20 件。

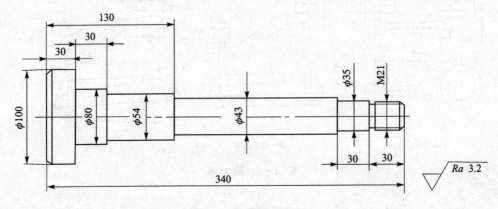

图 11-7 题 25 图(一)

26. 图 11-9 所示为一钢制拖钩,可以用下列方法制造:铸造、锻造、板料切割。其中以什么方法制得的拖钩拖重能力最大?为什么?

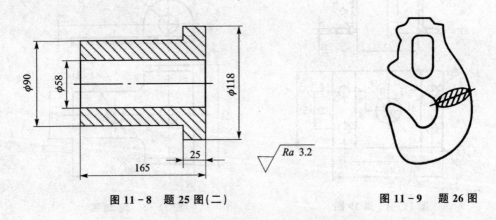

图 11-8 题 25 图(二)   图 11-9 题 26 图

27. 试分析图 11-10 所示模锻件分模面位置是否合理。

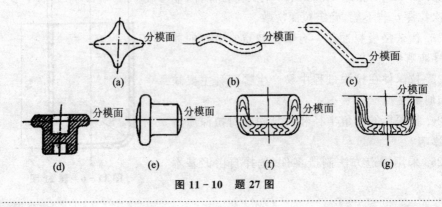

图 11-10 题 27 图

28. 分析图 11-11 所示自由锻结构是否合理。

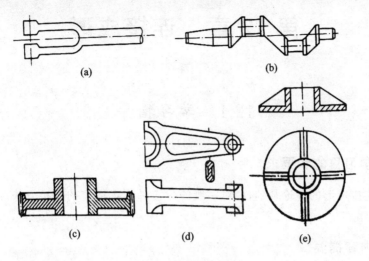

图 11-11 题 28 图

第 12 章 连接成形

12.1 学习指导

12.1.1 学习目的和要求

了解连接成形的理论基础,能对一般的焊接件选择适宜的焊接方法和合理的结构设计。

12.1.2 内容提要

焊接是现代工业生产中应用广泛的一种连接金属的成形方法,主要用来制造各种金属结构和机器零部件。本章以手工电弧焊为主,对焊接物理本质、不同焊接方法焊接结构工艺性进行了分析。

1. 焊接工艺基础

这部分内容是本章的重点和难点,学习中应从获得合格的焊接接头的角度出发,抓住焊接本身的特点,分析焊接过程、物理冶金过程以及焊接接头组织,保证焊接接头质量,防止焊接缺陷的产生。

1) 焊接冶金反应

焊接冶金反应揭示了焊接过程中物理化学变化过程。不同于一般的冶炼过程,有如下特点:熔池体积小,处于液态的时间短;熔池中液态金属温度高于一般熔化的金属温度;空气中的氧和氮在电弧高温下被分解成原子状态的氧和氮。这些特点使得采用光焊芯焊接时,合金元素急剧烧损,氧化物和氮化物残留在焊缝中,并且焊缝中易产生气孔和夹渣缺陷,使得焊缝的力学性能尤其是 a_K 和 δ 值急剧下降,需采取以下保护措施:采用焊条药皮和惰性保护气体等有效保护,限制空气侵入焊接区;通过焊条药皮添加合金元素和一定量的脱氧剂,以保证焊缝的成分。

2) 焊接接头组织与性能

焊接接头包括焊缝和热影响区两部分。在焊接时经过熔化焊的金属称焊缝,紧靠焊缝受到加热、冷却作用发生组织变化的金属称热影响区。这两部分的组织性能最终影响焊接接头的性能。研究焊接加热过程对焊接接头组织和性能的影响尤为重要。应掌握以下几点:焊缝和热影响区温度分布不均匀性以及焊接本身的特点,导致焊缝区细小柱状晶组织的产生以及热影响区经历了不同规范"热处理",引起了焊接接头的性能变化;通过分析热影响区的组织,找出焊接的薄弱环节(熔合区和过热区);为提高焊接接头的性能,应减小影响区的宽度。如采用合适的母材和焊接工艺、焊接方法及焊后热处理等措施。

3) 焊接应力与变形

理解焊接应力的产生:焊接过程中,焊缝相当于一个加热的杆件,焊缝周围可看成具有一定的刚性约束,焊缝(杆件)受热时不能自由伸长,冷却时不能自由收缩,最终在焊缝处产生拉应力,而周围金属产生压应力,刚性约束越大,最终产生的应力越大。

焊接应力产生的结果是变形。应力和变形的存在影响焊接件的尺寸精度和表面质量,降低承载能力甚至产生裂纹。因此需要通过设计和工艺两方面减小焊接应力和变形:采用合理的焊接顺序(拼板时,应先焊错开的短焊缝);焊前预热,加热适当的部位(减少焊缝热胀冷缩的阻碍);锤击焊缝;去应力退火等措施来消除焊接应力与变形。

2. 焊接方法及特点

各种常见的焊接方法及特点,见表 12-1。

表 12-1 各种焊接方法及特点

焊接方法			焊接原理	工艺特点	应用
熔化焊		手弧焊	利用与焊条焊件间产生的电弧使药皮燃烧时产生大量 CO_2 和熔渣起保护作用,焊条进给,不断熔化,冷凝后形成焊缝	适应性强,设备简单,灵活方便	板厚≥3 mm 的单件小批量生产,对于 1~2 mm 也可焊,但质量不易保证,适合全位置焊、短曲焊缝
		埋弧焊	利用焊丝与焊件间产生的电弧将覆盖其上的颗粒状焊剂熔化,使电弧与外界隔绝,焊丝自动进给,不断熔化,冷凝后形成焊缝	自动化程度高,生产率高;焊缝质量高,节省焊接材料和电能;焊接变形小	成批焊接中厚板,长直焊缝和较大直径焊件的环缝平焊
	气体保护焊	氩弧焊 CO_2 气体保护焊	用氩气、CO_2 保护性气体将空气和熔化金属隔开,防止熔化金属氧化和氮化,焊丝进给,不断熔化,冷凝后形成焊缝	采用氩弧焊,熔池可见性好,操作方便,易实现自动化;适宜薄板和有色金属;焊缝质量高;CO_2 有氧化性,焊丝中需加脱氧元素	所有金属材料除仰焊外的全位置焊
		电渣焊	利用电流通过熔渣产生的电阻热进行焊接	可一次焊成很厚焊件;生产率高,焊缝金属纯净;焊缝金属组织粗大,焊后需正火	厚大件的直缝焊接

续表 12-1

焊接方法		焊接原理	工艺特点	应 用
压力焊	电阻焊 点焊 对焊 缝焊	利用电流通过焊件产生的电阻热进行焊接	自动化程度高,生产率高;焊接变形小;设备复杂,功率大	成批大量生产,对焊用于杆状构件焊接,点焊用于薄板焊接
	摩擦焊	利用焊件摩擦产生的热量将工件加热到塑性状态,加压焊接	适于同类或异类金属连接;适宜旋转类工件,设备简单	焊接导热性好,易氧化的金属
钎焊	硬钎焊 软钎焊	利用熔融钎焊材料的黏着力或熔合力使焊件表面粘合	接头不熔化,焊件变形小;母材化学成分不变化;强度不太高;接头加工处理要求高	异种材料焊接,电器仪表等的焊接

3. 常用金属材料的焊接

1) 焊接性及其评定

焊接性是指在给定的焊接工艺条件下,获得优质焊接接头的能力。对于一般钢材,影响焊接性的主要因素是化学成分,可根据钢的化学成分评定其焊接性的好坏。将影响最大的碳作为基准元素,把其他合金元素的质量分数对焊接性的影响折合成碳的相当质量分数,碳的质量分数和其他合金元素的质量分数之和称为碳当量,碳当量越高,可焊性越差。可焊性包括两个方面的内容,一是接合性能,指在给定焊接工艺条件下,形成完好焊接接头的能力,特别是接头对产生裂纹的敏感性。二是使用性能,指在给定焊接工艺条件下,焊接接头在使用条件下安全运行的能力,包括焊接接头的力学性能和其他特殊性能(耐高温、耐腐蚀、抗疲劳等)。

2) 碳钢的焊接

按含碳量的大小来区别各种碳钢的焊接性。一般低碳钢的焊接性较好,中碳钢的焊接性较差,高碳钢的焊接性很差。

3) 合金钢的焊接

根据合金结构钢的特点、碳当量的大小进行综合分析。

4) 不锈钢的焊接

因为不锈钢件焊接后接头易出现晶间腐蚀和裂纹的特点,在焊接工艺及焊条等方面采取一定措施,如采用小电流、快速焊短弧焊、多层焊、强制冷却等工艺,以保证焊接质量。

5) 灰铸铁的焊接

灰铸铁的焊接性很差,工艺上采用冷焊法或热焊法进行补焊。

6) 铜、铝合金的焊接

铜、铝合金有易氧化、吸气、线收缩大等特点,在焊缝中易形成夹渣、气孔、裂纹等缺陷,焊接性能较差,常选用氩弧焊。

4. 焊接结构工艺性

焊接结构工艺性包括焊接结构材料选择、焊缝布置和焊接接头设计等内容。

1) 焊接材料和焊接方法的选择

结合实际生产条件,尽可能选择焊接性能好的材料。根据焊接构件形状等特点,选择适当的焊接方法。以保证工艺简单,焊接质量优良。

2) 焊缝布置

焊缝位置应便于操作,手工电弧焊应留有焊条的操作空间,点焊缝焊应留有电极的位置;焊缝布置应有利于减小焊接应力与变形。如焊缝的对称布置,避免焊缝过分集中或交叉;尽量减少焊缝长度和数量等。

3) 接头设置

接头形式的选择:当接头构成直角连接时,采用角接头或 T 形接头,要求接头应力分布均匀质量较高时,采用对接接头,对不重要的焊件,可采用搭接接头。

坡口形式的选择:通常要求焊透的受力焊缝应尽量采用双面焊,不能采用双面焊的可采用单面焊双面成形技术。如设计成 I 形、U 形、V 形等。

12.1.3 学习重点

熟悉焊接接头形成的物理冶金过程及焊接接头的组织与性能;熟悉各种焊接方法的特点,能合理地选择焊接方法;能够分析和拟定一般焊件的焊接工艺,包括焊接材料、焊接方法、电焊条的选择,焊接结构工艺性分析。

12.2 习题与思考题

12.2.1 名词解释

热影响区、焊接电弧、焊接性、碱性焊条。

12.2.2 填空题

1. 按焊接过程的物理特点,焊接方法可分为_____、_____和_____三大类。
2. 常见的熔化焊接方法有_____、_____、_____、_____等。
3. 采用直流电源焊接时,焊件接弧焊机的_____,焊条接弧焊机的_____。
4. 手工电弧焊电焊条的焊芯的作用是_____与_____。
5. 焊条(手工)电弧焊的电焊条由_____和_____组成。
6. 按熔渣性质焊条可分为_____和_____两类。
7. 焊接过程中,焊条直径越大,选择的焊接电流应越_____。

8. 焊条牌号 J422 中,"42"表示焊缝金属_____。
9. 焊条电弧焊的焊条由焊芯_____和_____两部分组成。
10. 焊芯的作用是_____,药皮的作用是_____。
11. 焊接热影响区中机械性能最差的是_____与_____。
12. 焊缝两侧金属因焊接热作用而发生组织性能变化的区域称为_____。
13. 普通低合金结构钢焊接后,焊接热影响区可分_____、_____、_____、_____等区域。
14. 焊接时产生焊接应力和变形的根本原因是_____。
15. 焊后矫正焊接变形的方法有_____和_____。
16. 埋弧焊不使用焊条,而使用_____与_____。
17. 埋弧焊适于批量焊接_____及_____。
18. 常用的气体保护焊有和_____和_____。
19. 电渣焊是利用电流通过熔渣所产生的_____作为热源进行焊接的方法。
20. 常用的电阻焊有_____、_____与_____三种。
21. 常用的对焊有_____和_____两种。
22. 点焊时应采用_____接头。
23. 用低碳钢焊接汽车油箱,应采取_____焊接工艺。
24. _____钎焊时钎料熔点在 450 ℃ 以下,接头强度在 200 MPa 以下;_____钎焊时钎料熔点在 450 ℃ 以上,接头强度在 200 MPa 以上。
25. 为防止普通低合金钢材料焊后产生冷裂纹,焊前应对工件进行_____处理,采用焊条,以及焊后立即进行_____退火。
26. 焊接变形的基本形式有_____、_____、_____、_____。
27. 碳当量法可用来估算钢材的焊接性能,碳当量值小于 0.4 % 时,钢材的焊接性能_____。
28. 汽车油箱常采用_____和_____组合制造。
29. 铝合金薄板常用的焊接方法是_____。
30. 焊接接头的基本形式分为_____、_____、_____、_____四种,其中_____最容易实现,也最容易保证质量。
31. 大批量生产焊接薄壁构件,当构件无密封性要求时,一般采用_____。
32. 钎焊时,焊件_____熔化,钎料_____(是否)熔化。
33. 常温下工作的电子产品、仪表,常采用的焊接方法是_____。
34. 切割熔点高且很坚硬的金属宜采用_____。

12.2.3 判断题

1. 选用碱性焊条(如 E5015)焊接金属薄板时,以选择直流反接为利。（ ）

2. 焊接结构钢时,焊条选择的原则是焊缝与母材有相同的强度等级。（　）

3. 焊接热影响区中,晶粒得到细化、机械性能得优于母材的区域是正火区。
（　）

4. 焊接接头由焊缝与焊接热影响区组成,其中对焊接接头有不利影响的区域是熔合区和过热区。（　）

5. 碱性焊条与酸性焊条相比,碱性焊条的优点是焊接工艺性能好,酸性焊条的优点之一是焊缝抗裂性好。（　）

6. 焊接热影响区对焊接接头机械性能的主要影响是使焊接接头脆性增加。
（　）

7. 对低碳钢和高强度低合金钢焊接接头破坏一般首先出现在热影响区内。
（　）

8. 用电弧焊焊接较厚的工件时不需要开坡口,也能保证根部焊透。（　）

9. 低碳钢和强度等级较低的低合金钢的焊接性好。（　）

10. E4315 属于酸性焊条,E5015 属于碱性焊条。（　）

11. 焊接薄板时,焊接应力使薄板局部失稳而引起的变形是波浪变形。（　）

12. 两平板拼接时,在与焊缝平行方向或与焊缝垂直方向易产生收缩变形。
（　）

13. 紫铜和青铜件主要焊接方法是氩弧焊。（　）

12.2.4　单项选择题

1. 下列焊接方法中,属于熔化焊的是(　　)。

   A. 点焊　　　　　B. CO_2 气体保护焊

   C. 对焊　　　　　D. 摩擦焊

2. 一般情况下,焊条电弧焊电弧电压在(　　)之间。

   A. 200～250 V　　B. 80～90 V　　C. 360～400 V　　D. 16～35 V

3. 直流电弧焊时,产生热量最多的是(　　)。

   A. 阳极区　　　B. 阴极区　　　C. 弧柱区　　　D. 热影响区

4. 直流电弧焊时,温度最高的是(　　)。

   A. 阳极区　　　B. 阴极区　　　C. 弧柱区　　　D. 热影响区

5. 焊条牌号 J422 中,J 表示结构钢焊条,前两位数字 42 表示(　　)。

   A. 焊缝金属 σ_b = 420 MPa　　　B. 焊缝金属 σ_b < 420 MPa

   C. 焊缝金属 σ_b ≥ 420 MPa　　　D. 焊缝金属 σ_b ≧ 420 MPa

6. 选用酸性焊条(如 E4303)焊接金属构件时,可选用的电源种类是(　　)。

   A. 直流正接　　B. 直流反接　　C. 交流电源焊接　　D. 都可以

7. 具有较好的脱氧、除硫、去氢和去磷作用以及机械性能较高的焊条是(　　)。

   A. 酸性焊条　　B. 结构钢焊条　　C. 碱性焊条　　D. 不锈钢焊条

8. 下列焊接方法中,热影响区最窄的是(　　)。
   A. 手工电弧焊　　B. 埋弧自动焊　　C. 气焊　　D. 电渣焊
9. 对重要的碳钢、合金钢焊接件,为消除热影响区的不利影响,采用的热处理方法是(　　)。
   A. 退火　　B. 正火　　C. 回火　　D. 淬火
10. 手弧焊时,操作最方便,焊缝质量最易保证,生产率又高的焊缝空间位置是(　　)。
    A. 立焊　　B. 平焊　　C. 仰焊　　D. 横焊
11. 手弧焊采用直流焊机焊薄件时,工件与焊条的接法用(　　)。
    A. 正接法　　B. 反接法　　C. Y接法　　D. △接法
12. 焊接性能最差的材料是(　　),最好的是(　　)。
    A. 20　　B. 45　　C. 16Mn　　D. T8
13. 下列材料中,焊接性最差的是(　　),最好的是(　　)。
    A. 低碳钢　　B. 中碳钢　　C. 不锈钢　　D. 铸铁
14. 下列材料中,焊接性能最差的是(　　),最好的是(　　)。
    A. HT250　　B. 25　　C. Q235　　D. 16Mn
15. 下列材料中焊接性能最好的材料是(　　),焊接性能最差的是(　　)。
    A. 45　　B. 20　　C. 16Mn　　D. T10A
16. 采用一般的工艺方法,下列金属材料中,焊接性能较好的是(　　)。
    A. 铜合金　　B. 铝合金　　C. 可锻铸件　　D. 低碳钢
17. 埋弧焊焊接空间位置一般为(　　)。
    A. 平焊和环形焊缝　　B. 立焊　　C. 横焊　　D. 全位置焊
18. 焊接铝合金宜采用(　　)。
    A. 手工电弧焊　　B. CO_2气体保护焊　　C. 埋弧焊　　D. 氩弧焊
19. 用厚度 2 mm 的铝板大批量焊接重要结构件,最合适的焊接方法是(　　)。
    A. 钎焊　　B. 氩弧焊　　C. 气焊　　D. 手弧焊
20. 黄铜件的主要焊接方法是(　　)。
    A. 焊条电弧焊　　B. 气焊　　C. 氩弧焊　　D. CO_2气体保护焊
21. 焊接厚度为100mm 的钢板时,宜采用(　　)。
    A. 电渣焊　　B. 氩弧焊　　C. 手弧焊　　D. 埋弧焊
22. 下列几种焊接方法中属于压力焊的是(　　)。
    A. 埋弧焊　　B. 点焊　　C. 氩弧焊　　D. 钎焊
23. 大批量生产车床皮带轮罩,由薄板焊接而成,其焊接方法应是(　　)。
    A. 对焊　　B. 点焊　　C. 缝焊　　D. 气焊
24. 汽车油箱既经济合理又高效的焊接方法是(　　)。
    A. 二氧化碳焊　　B. 点焊　　C. 缝焊　　D. 埋弧焊

25. 两个材料分别为黄铜和碳钢的棒料对接时,可采用(　　)。
   A. 氩弧焊　　　　B. 钎焊　　　　C. 电阻对焊　　D. 埋弧焊
26. 硬质合金刀片与 45 钢刀杆的焊接常采用(　　)。
   A. 焊条电弧焊　　B. CO_2 气体保护焊　　C. 硬钎焊　　D. 软钎焊
27. 铸铁件修补时常采用的焊接方法是(　　)。
   A. 手弧焊　　　　B. 氩弧焊　　　　C. 电渣焊　　　D. 埋弧焊
28. 起重机大梁为箱形结构,梁长 10m,用 12mm 厚度的钢制造,其最合适的焊接方法是(　　)。
   A. 电渣焊　　　　B. 氩弧焊　　　　C. 手弧焊　　　D. 埋弧焊
29. 合金钢的可焊性可依据(　　)大小来估计。
   A. 钢含碳量　　　　　　　　　B. 钢的合金元素含量
   C. 钢的碳当量　　　　　　　　D. 钢的杂质元素含量
30. 电子产品、仪表等采用的焊接方法是(　　)。
   A. 氩弧焊　　　　B. 软钎焊　　　　C. 硬钎焊　　　D. 电阻焊

12.2.5　综合题

1. 采用直流焊机进行电弧焊时,什么是直流正接？它适用于哪一类焊件？
2. 采用直流焊机进行电弧焊时,什么是直流反接？它适用于哪一类焊件？
3. 焊芯和药皮在电弧焊中分别起什么作用？
4. 酸性焊条有何特点？它适用于哪一类焊件？
5. 碱性焊条有何特点？它适用于哪一类焊件？
6. 焊接时焊条的选用原则是什么？
7. 什么是焊接热影响区？低碳钢焊接时热影响区分为哪些区段？
8. 产生焊接应力和变形的原因是什么？焊接变形的基本形式有哪些？
9. 焊接变形如何矫正？焊接应力如何消除？
10. 为防止和减少焊接变形,焊接时应采取何种工艺措施？
11. 根据碳当量的高低,钢材焊接性能可分为哪三种？
12. 钎焊时钎剂的作用是什么？常用的钎剂有哪些？
13. 何谓金属材料的焊接性？它包括哪几个方面？
14. 低碳钢的焊接性能如何？为什么？焊接低碳钢应用最广泛的焊接方法是哪些？
15. 给下列材料或结构的焊件选择合理的焊接方法。

焊件　　　　　　　　　　　　　焊接方法
① Q235 钢支架
② 硬质合金刀头与 45 钢刀杆
③ 不锈钢

④ 厚度为 3 mm 的薄板冲压件

⑤ 锅炉筒身环缝

⑥ 壁厚 60 mm 的大型构件

⑦ 45 钢钢结构(厚 300 mm)

⑧ 灰口铸铁的补焊

⑨ 汽车油箱

⑩ 电器部件

⑪ 锅炉炉身环缝

⑫ 不锈钢钢板

⑬ 精密仪表

⑭ 家用石油液化气罐主环缝

⑮ Q235 薄板冲压件

⑯ 钢板厚度为 6 mm 的 45 钢

⑰ 铝合金重要结构件

⑱ 断面相同的钢管对接

⑲ 对接 ϕ30 mm 的 45 钢轴

⑳ 丝锥柄部接一 45 钢钢杆以增加柄长

16. 给下列焊接件选择合适的焊接方法。

焊件　　　　　　　　　　　　焊接方法

① 16Mn 自行车车架连接

② 钢轨接长(对接)

③ 机床床身(低碳钢,单件生产)

④ 壁厚 10 mm,材料为 1Cr18Ni9Ti 的管道

⑤ 壁厚 2 mm,材料为 20 钢的低压容器

⑥ 16Mn 自行车钢圈对接

⑦ 汽车驾驶室

⑧ 重型机床的机座(厚 100 mm)

⑨ 壁厚 1 mm,材料为 20 钢的容器

⑩ 电子线路板

⑪ 机床床身(低碳钢,单件生产)

⑫ 厚 4 mm 的铝合金板件

⑬ ϕ30 mm 的 45 钢轴对接

⑭ 锅炉炉身环缝

⑮ 低碳钢的厂房屋架

⑯ 厚 0.1 mm 的 Ti 合金焊件

⑰ 16Mn 压力容器(直径 300 mm,厚 10 mm)

⑱ 厚 3 mm 的紫铜板焊件

⑲ 汽车油箱

⑳ 16Mn 压缩空气贮存罐(厚 5 mm、直径为 180 mm)

㉑ 厚 10 mm 的镍铬不锈钢钢板

㉒ 减速器箱体(低碳钢,单件生产)

㉓ 厚 0.05 mm 的金属薄箔焊接

㉔ 钢结构(厚 300 mm)

17. 现有厚 4 mm、长 1 200 mm、宽 800 mm 的钢板 3 块,需拼焊成一块长 1 800 mm、宽 1 600 mm 的矩形钢板,问如图 12-1 所示的结构设计是否合理?若不合理,请予以改正。为减小焊接应力与变形,其合理的焊接顺序应如何安排?

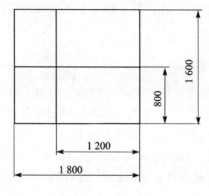

图 12-1 题 17 图

第 13 章　材料成形方法选择

13.1　学习指导

13.1.1　学习目的和要求

掌握各种毛坯的生产特点及应用,了解毛坯选择的因素,能对一些典型零件进行合理的毛坯选择。

13.1.2　内容提要

从原材料到产品,一般需要经过毛坯生产和机械加工两个阶段,为了改善材料的性能还要进行热处理。一个好的工艺方案,就是根据零件的尺寸、形状、技术要求以及现有设备等情况,正确选择合适的毛坯和机械加工方法,使零件的制造最经济合理,生产率最高,成本最低。毛坯的选择是工艺设计的第一步,毛坯选择的好坏直接影响整个工艺过程。本章就是针对如何合理选择毛坯而展开的。

1. 毛坯种类

机械加工中常用的毛坯有:
- 铸件　适用于形状复杂尤其是内腔复杂的零件毛坯。
- 锻件　适用于形状比较简单强度要求较高的零件毛坯。
- 冲压件　适用于中小尺寸的板料零件,一般不再进行切削加工,用于成批大量生产。
- 型材　钢锭经轧制、挤压、拉拨等方法生产的原材料,有较高的力学性能。热轧型材的尺寸较大、精度低,用于做一般零件的毛坯,拉制的型材的尺寸较小,精度较高,用于制造中小型零件,适合自动机床加工。
- 焊接组合件　将板料、锻压件、铸件、型材或机械加工的半成品,通过焊接组合成毛坯。焊接组合件适用于制造大型零件的毛坯,制造简单方便,可以大量减少材料消耗,缩短生产周期,但焊接件变形较大。

2. 毛坯的选择原则

1) 适用性原则

满足零件的使用要求及对成形加工工艺性的适应。零件的使用要求包括对零件形状、尺寸、精度、表面质量和材料成分、组织的要求,以及工作条件对零件材料性能的要求。其决定了毛坯的制造方法,如铸铁材料必须选用铸造工艺制造毛坯,锻压加工需配合选用可锻性好的钢材或非铁合金。另外生产批量大小对毛坯选择也有很大关系。批量越大,越选择高精度和高生产率的毛坯制作方法。

2) 经济性原则

尽量选用生产过程简单、生产率高、生产周期短、能耗与生产材料消耗少、投资小的毛坯加工方法。这样既能减低成本,又能保证质量。毛坯的生产批量决定了成形的机械化、自动化程度。单件小批量常与手工生产相联系,而大批大量生产,则选生产率高、精度高的加工方法。

3) 与环境相宜及安全原则

与环境相宜,对环境友好。具体体现在能量耗费少、贵重资源用量少、废弃物少,能实现再循环等。还要考虑成形加工方法与能耗的关系及安全生产的关系。

13.1.3 学习重点

熟悉毛坯的种类;了解材料成形方法的选择原则;掌握常用机械零件毛坯成形方法的选择。

13.2 简答题

1. 为什么齿轮多用锻件,而带轮和飞轮多用铸件?
2. 螺杆和螺母配合使用,两者的硬度是否相同? 如不同,哪个更低些? 为什么?
3. 为以下零件选择合适的毛坯生产方法。

机床主轴	连杆	手轮
轴承环	齿轮箱	内燃机缸体
大批量生产垫片	变速箱体	液化气钢瓶
曲轴	大批量生产的直径相差不大的轴	单件生产的机架
形状简单承载能力较大的轴		

第三部分 工程材料与材料成形技术实验指导

实验一 材料的硬度测试

【实验目的】
- 了解硬度测定的基本原理,常用的硬度测试的方法及应用范围;
- 了解布氏硬度计、洛氏硬度计的主要结构和实验原理;
- 学会布氏硬度计、洛氏硬度计及布氏硬度测试系统的操作方法。

【基本知识】

金属的硬度是指金属材料抵抗局部塑性变形的能力。

硬度试验设备简单、操作方便,又能粗略反映金属材料的强度、化学成分和组织结构差异等。硬度值还可以综合反映压痕附近局部体积内金属的弹性、微量塑性变形抗力、塑性强化能力以及大量形变抗力。硬度值越高,表明金属抵抗塑性变形能力越强材料产生塑性变形越困难。此外,硬度与强度指标 σ_b 之间可以找出粗略的换算公式,从而可以通过硬度测试初步估计材料的强度水平。另外,硬度与冷成形性、切削加工性及焊接性能等工艺性能也存在着某些联系,可作为选择加工工艺的参考。

金属的硬度与强度指标之间有以下近似公式:

$$\sigma_b = K\,HB \qquad (实验1-1)$$

式中:σ_b——材料的抗拉强度值(Pa);

HB——布氏硬度值;

K——系数。退火碳钢 $K=0.34\sim0.36$;合金调质钢 $K=0.33\sim0.35$;有色金属合金 $K=0.33\sim0.53$。

硬度试验的方法很多,使用最广泛的是压入法。根据压头的几何形状、尺寸等条件,常用的压入法可分为布氏硬度、洛氏硬度和维氏硬度三种。

1. 布氏硬度

1) 布氏硬度实验原理

布氏硬度实验原理如实验图1-1所示,将直径为 D 的硬质合金球,在一定的载

荷 P 下,压向被测金属表面,保持一定时间,然后卸除载荷,根据压头在金属表面所压出的压痕面积求出平均应力值,以此作为硬度值的计量指标,用符号 HBW 表示。

$$\text{HBW} = \frac{P}{S} = \frac{P}{\pi Dh} \qquad (实验1-2)$$

式中:HBW——布氏硬度值;
  P——载荷(kgf,1 kgf=9.807 N);
  S——压痕面积(mm²);
  D——硬质合金球的直径(mm);
  h——压痕深度(mm)。

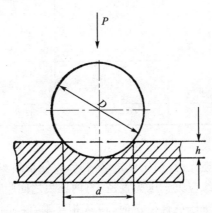

实验图 1-1　布氏硬度实验原理图

由于测量压痕直径 d 比测量压痕深度容易,因此将 h 换算成压痕直径 d,得

$$h = \frac{D}{2} - \frac{1}{2}\sqrt{D^2 - d^2} \qquad (实验1-3)$$

将式(实验1-2)代入式(实验1-1)得:

$$\text{HBW} = \frac{P}{\pi Dh} = \frac{2P}{\pi D(D - \sqrt{D^2 - d^2})} \qquad (实验1-4)$$

式(实验1-3)表明布氏硬度值与压痕直径有关,试验时只要测量出压痕直径 d,即可通过计算或查表得出 HBW 值,不标单位。

布氏硬度实验的三要素:
- 钢球直径:根据试样厚度选择;
- 载荷:根据钢球大小和被测材料种类选择;
- 加载保持时间:根据被测金属种类选择。

根据国家标准 GB/T 231.1—2002 规定,三要素的选择及适用范围如实验表 1-1 所列。

实验表 1-1　布氏硬度试验规范

金属种类	布氏硬度(HBW)值范围	试样厚度/mm	载荷 F 与压头直径 D 的相互关系	压头直径 D/mm	载荷 F/kgf	载荷保持时间/s
黑色金属	140~450	6~3 4~2 <2	$F=30D^2$	10.0 5.0 2.5	3 000 750 187.5	10
黑色金属	<140	>6 6~3	$F=10D^2$	10.0 5.0	1 000 250	10
有色金属	>130	6~3 4~2 <2	$F=30D^2$	10.0 5.0 2.5	3 000 750 187.5	30
有色金属	36~130	9~3 6~3	$F=10D^2$	10.0 5.0	1 000 250	30
有色金属	8~36	>6	$F=2.5D^2$	10.0	250	60

2) 布氏硬度测定的技术要求

① 试样表面必须平整光滑,使压痕边缘清晰,以便精确测量压痕直径 D。

② 压痕距离试样边缘应大于压头直径 D,两压痕之间距离不小于压头直径 D。

③ 用读数显微镜测量压痕直径 d 时,应从相互垂直的两个方向上进行,取其平均值。

④ 硬度值以符号 HBW 表示,为了表示实验条件,可在符号 HBW 后面标注 $D/F/T$。如 180HBW/10/3000/10,即表示布氏硬度是在 $D=10$ mm 的硬质合金球做压头,载荷 $F=3\,000$ kgf,保持 10s 时间的条件下所测得的布氏硬度值为 180。

3) 布氏硬度计的结构和操作

(1) 布氏硬度计的结构

TH 600 型布氏硬度计的外形结构,如实验图 1-2 所示。其主要部件及作用如下:

① 机体与工作台:硬度计有铸铁机体,在机体前台面上安装了丝杠座,其中装有丝杠,丝杠上装立柱和载物台,转动手轮载物台可上下升降。

② 杠杆机构:杠杆系统通过电动机可将载荷通过压头自动加在试样上。

③ 压轴部分:用以保证工作时试样与压头中心对准。

④ 减速器部分:带动曲柄及曲柄连杆,在电机转动及反转时,将载荷加到压轴上或从压轴上卸除。

⑤ 换向开关系统:是控制电机回转方向的装置,使加、卸载荷自动进行。

杠杆机构、压轴部分、减速器部分和换向开关系统均在机体内部。

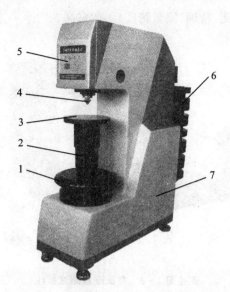

1—手轮；2—丝杠(带护套)；3—载物台；4—压头；5—操作面板；6—载荷砝码；7—机身

实验图 1-2　TH600 型布氏硬度计外形图

(2) 操作前的准备工作：

① 根据实验表 1-1 选择压头，且将压头擦拭干净，装入主轴衬套中。

② 根据实验表 1-1 选定载荷，加上相应的砝码。

③ 安装载物台。当试样高度小于 120 mm 时，应将立柱安装在升降螺杆上，然后安装好载物台进行试验。

④ 根据实验表 1-1 确定保持时间 T，并在操作面板上设定好保持时间。

⑤ 接通电源，指示灯亮证明通电正常。

(3) 操作步骤：

① 将试样放在载物台 3 上，顺时针方向旋转手轮 1，载物台 3 上升至试样与压头 4 接触时，继续转动手轮 1，直至手轮打滑。

② 按下操作面板 5 上的"开始"按键，启动电动机，即开始加载荷。操作面板上显示"加载—保持—卸载"的自动完成过程。

③ 当听到"嘀—嘀—嘀"的蜂鸣声后，完成试验过程。逆时针方向旋转手轮 1，使工作台降下。取下试样用读数显微镜测量压痕直径 d 值，并查表确定布氏硬度 HBW 数值。也可采用布氏硬度测试系统自动测量材料的布氏硬度值。

4) 布氏硬度测量系统使用方法：

布氏硬度测量系统是一种基于图像处理和图像分析的布氏硬度测量分析软件，如实验图 1-3。其工作原理是试样在布氏硬度机上以一定直径的硬质合金压头和试验力压出压痕后，由测量系统的摄像头捕捉压痕，通过图像采集卡读取到计算机中。测量系统可对压痕图像进行分析和测量，并将布氏硬度测量结果显示在显示屏上,无需查表,方便、快捷、精确,测量精度高、效率高。

实验图 1-3　布氏硬度测试系统

布氏硬度测量系统使用方法:

① 启动"布氏硬度测量系统",主界面如实验图 1-4 所示。在菜单栏"测量"中,设定好"压球直径"、"试验力"和"镜头型号"(一般已设定好)。

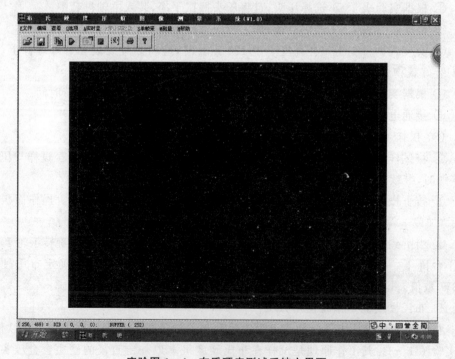

实验图 1-4　布氏硬度测试系统主界面

② 单击工具栏图标▶,启动摄像头视频,用摄像头捕捉试样压痕,如实验图 1-5 所示。

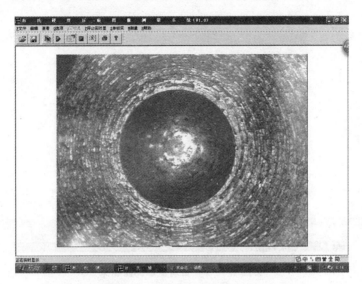

实验图 1-5　摄像头捕捉试样压痕

③ 单击工具栏图标 ,将试样压痕定格在显示屏上,同时在显示屏上出现了四条红色的线。用鼠标将红线拖到压痕边缘并和压痕相切,红色的曲线正好和压痕边缘拟合到一起,如实验图 1-6 所示。

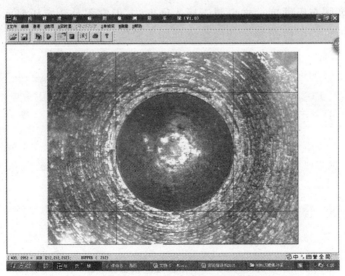

实验图 1-6　将压痕定格在显示屏上

④ 单击工具栏图标测,系统自动测量、计算材料的布氏硬度值,并显示在屏幕

上,如实验图 1-7 所示。

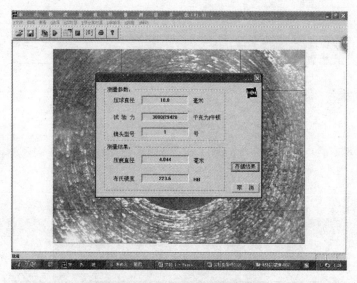

实验图 1-7 自动显示测量结果

⑤ 记录测量结果后,选择 存储结果 或 取消 ,进行下一次测量。

2. 洛氏硬度

1) 洛氏硬度实验原理

洛氏硬度同布氏硬度一样也属于压入硬度法,但它不是测定压痕面积,而是根据压痕深度来确定硬度值指标。其试验原理如实验图 1-8 所示。

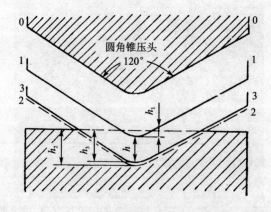

实验图 1-8 洛氏硬度试验原理图

洛氏硬度测定时,需要先后两次施加载荷(初载荷及主载荷),预加初载荷的目的是使压头与试样表面接触良好,以保证测量结果准确。实验图 1-8 中 0—0 位置为未加载荷时的压头位置，1—1 位置为加上 10 kgf 预加初载荷后的位置，此时压入深度为 h_1，2—2 位置为加上主载荷后的位置，此时压入深度为 h_2，h_2 包括由加载所引起的弹性变形和塑性变形，卸除主载荷后，由于弹性变形恢复而稍提高到 3—3 位置，此时压头的实际压入深度为 h_3。洛氏硬度就是以主载荷所引起的残余压入深度 ($h = h_3 - h_1$) 来表示。但这样直接以压入深度的大小表示硬度，将会出现硬的金属硬度值小，而软的金属硬度值大的现象，这与所标志的硬度值大小的概念相矛盾。为了与习惯上数值越大硬度越高的概念相一致，采用一常数 (K) 减去 ($h_3 - h_1$) 的差值表示硬度值。为简便起见又规定每 0.002 mm 压入深度作为一个硬度单位（即刻度盘上一小格）。

洛氏硬度值的计算公式如下：

$$\text{HR} = \frac{K-h}{0.002} = \frac{K-(h_3-h_1)}{0.002} \qquad (\text{实验} 1-5)$$

式中：HR——洛氏硬度值；

K——常数。采用金刚石圆锥时，$K = 0.2$（用于 HRA、HRC）；采用钢球时，$K = 0.26$（用于 HRB）；

h——受主载荷作用实际压入深度 (mm)；

h_1——初载荷的压入深度 (mm)；

h_3——实际压入深度 (mm)。

因此上式可改为：

$$\text{HRC（或 HRA）} = 100 - \frac{h_3-h_1}{0.002} \qquad (\text{实验} 1-6)$$

$$\text{HRB} = 130 - \frac{h_3-h_1}{0.002} \qquad (\text{实验} 1-7)$$

洛氏硬度实验所用压头有两种：一种是顶角为 120° 的金刚石圆锥，另一种是直径为 1.588 mm 的淬火钢球。根据金属材料软硬程度不一，可选用不同的压头和载荷配合使用，最常用的是 HRA、HRB 和 HRC。这三种洛氏硬度的压头、负荷及使用范围列于实验表 1-2。

实验表 1-2　常见洛氏硬度的实验规范及使用范围

标尺所用符号/压头	总负荷 kgf	测量范围	应用范围
HRA 金刚石圆锥	60	20~85HRA	碳化物、硬质合金、淬火工具钢、浅层表面硬化层
HRB 1.588 mm 钢球	100	20~100HRB	软钢（退火态、低碳钢正火态）、铝合金
HRC 金刚石圆锥	150	20~67HRC	淬火钢、调质钢、深层表面硬化层

注：①金刚石圆锥的顶角为 120°+30′，顶角圆弧半径为 (0.21±0.01) mm；②初负荷均为 10 kg。

2) 洛氏硬度测试的技术要求

① 根据被测金属硬度的高低，按表1-2选定压头和载荷；

② 试样表面应平整光洁，不得有氧化皮、油污及明显的加工痕迹；

③ 试样厚度应不小于压入深度的10倍；

④ 两相邻压痕及压痕边缘的距离应不小于3 mm；

⑤ 加载时力的作用线必须垂直于试样表面。

3) 洛氏硬度计的结构与操作

(1) 洛氏硬度计的结构

TH320型洛氏硬度计的外形结构如实验图1-9。它由机身、工作台升降机构、加载机构、操作面板及测量显示屏等组成。

1—手轮；2—丝杠；3—载物台；4—压头；5—操作面板；6—显示屏；7—机身

实验图1-9　TH320洛氏硬度计外形图

① 机身及工作台升降机构。机身7由铸铁铸造而成。在机身前面装有载物台3、升降丝杠2(带护套)和手轮1。转动手轮，通过丝杠可使载物台升降。

② 加载机构。加载机构由杠杆、吊杆、砝码等组成，安装在机体内。砝码通过杠杆系统增力后获得设定的载荷，通过压头4作用在试样上。

③ 操作面板5。通过操作面板上的按键可设定实验的参数，如实验标尺、实验载荷、保持时间等。

④ 显示屏6。液晶显示屏可以显示设定的参数、实验过程(包括加载、保持和卸载过程等)。

(2) TH320 型洛氏硬度计的操作步骤

① 开机。接好电源线,打开电源开关,显示屏将显示当前的试验参数,这些参数均自动记忆上次关机前的状态。

② 加载初试验力。将被测试样放置在载物台中央,顺时针平稳转动手轮,使载物台上升,注意液晶显示屏,左右各出现一个黑色箭头时,表示试样与压头接触。继续平缓转动手轮,直到图中黑色箭头充满屏幕,并伴有蜂鸣报警,如实验图 1-10 所示,此时应立即停止转动手轮。如果转轮转动过量较大,试验机自动报警,并提示,如实验图 1-11 所示。此时应重新开始。

实验图 1-10 加载初试验力　　　实验图 1-11 手轮转动过量

③ 自动测试。初试验力加载完成后,测试开始自动进行,屏显见实验图 1-12。依次自动完成主试验力加载,见实验图 1-13;保持时间倒计时,见实验图 1-14;自动卸载,见实验图 1-15;最后显示测量结果,见实验图 1-16。

实验图 1-12 开始自动测量　　　实验图 1-13 加载主试验力

实验图 1-14 保持时间　　　实验图 1-15 自动卸载

④ 卸载。逆时针转动手轮载物台下降,全部试验力卸除;显示屏显示返回开机页面,所有试验参数自动记忆,等待下次测试。

实验图 1-16 显示测量结果

【实验内容】

实验前,需认真做好实验预习。参考实验指导书,熟悉硬度计的原理、结构、操作方法、应用范围和注意事项等。

1. 实验设备及硬度试样

① TH600 布氏硬度计;布氏硬度测量系统;25×读数显微镜;
② TH320 型洛氏硬度计;
③ 正火状态 45 钢试样;淬火状态 45 钢试样。

2. 布氏硬度实验

取正火状态 45 钢试样一个,在布氏硬度计上打出压痕,用读数显微镜从相互垂直的两个方向上测量压痕直径,取其平均值,查表求得 HBW 值。或用布氏硬度测量系统直接测量获得 HBW 值,并记录数据。

重复上述操作测量三次,取平均值。

3. 洛氏硬度实验

取一个淬火状态 45 钢试样,在洛氏硬度计上测量硬度值,并记录数据。当测试的洛氏硬度值超过 67 HRC 时,所测硬度值无效,应改测 HRA;当测试的洛氏硬度值小于 20 HRC 时,所测硬度值无效,应改测 HRB 或布氏硬度。

重复上述操作,在同一块试样上测量三次,取平均值。

4. 注意事项

① 被测试样要求上下面要平行,表面粗糙度 $Ra \leqslant 6.3~\mu m$,被测面和支撑面不允许有油、水及氧化皮等。
② 操作时,必须在卸除载荷后才能转动手轮使试样与压头脱离,并取下试样。
③ 洛氏硬度计加载时,手轮转动应平稳速慢。若发现阻力大时,应停止加载并立即报告老师处理。金刚石压头硬而脆,严禁与试样或其他物件撞击或磕碰。

5. 实验报告要求

实验报告应包括的内容:
① 实验目的;
② 实验所用仪器设备;
③ 实验的基本原理;
④ 实验过程;
⑤ 实验原始数据记录表;
⑥ 实验数据分析及结论。

硬度测试实验
实验数据记录表

班级_____ 姓名_____ 学号_____ 实验日期_____

规范	布氏硬度		洛氏硬度
材料			
材料尺寸			
材料状态			
压陷器(压头)			
载荷(kgf)			
测量值	压痕直径1	布氏硬度值1	
	压痕直径2	布氏硬度值2	
	压痕直径3	布氏硬度值3	
硬度平均值			

指导教师签字：_____
时间：_____

实验二　铁碳合金平衡组织观察与分析

【实验目的】
- 通过铁碳合金平衡组织观察和分析,熟悉铁碳合金在平衡状态下的显微组织。
- 了解铁碳合金中的相及组织组成物的本质、形态及分布特征。
- 分析并掌握平衡状态下铁碳合金的组织与性能之间的关系。

【基本知识】

碳钢和铸铁是工业上应用最广泛的金属材料,它们的性能与组织有密切的联系。熟悉并掌握铁碳合金的组织,对于合理使用钢铁材料具有十分重要的指导意义。

1. 碳钢和白口铸铁的平衡组织

平衡组织一般是指合金在极其缓慢冷却的条件下(退火状态)所得到的室温组织。碳钢和白口铸铁的室温平衡组织均由铁素体(F)和渗碳体(Fe_3C)这两个基本相组成。由于含碳量的不同,结晶条件的差别,铁素体和渗碳体相的相对数量、形态、分布和混合状态均有所不同,因而呈现出不同的组织形态。铁素体(F)和渗碳体(Fe_3C)形成的层片状机械混合物称为珠光体(P)。条状或粒状珠光体(P)和渗碳体(Fe_3C)形成的机械混合物称为变态莱氏体,或称低温莱氏体($L'd$)。

$Fe-Fe_3C$ 相图上的各种合金,按其碳的质量分数的不同,可分为工业纯铁、碳钢和白口铸铁三种。试样经过磨制、抛光,用4%的硝酸酒精溶液侵蚀后,在金相显微镜下观察,碳钢和白口铸铁在室温下的显微平衡组织见实验表2-1。

实验表 2-1　碳钢和白口铸铁在室温下的显微平衡组织

铁碳合金类型		碳的质量分数 $w_C/\%$	室温显微平衡组织
工业纯铁		≤0.021 8	铁素体(F)
碳钢	亚共析钢	0.021 8~0.77	铁素体(F)+珠光体(P)
	共析钢	0.77	珠光体(P)
	过共析钢	0.77~2.11	珠光体(P)+二次渗碳体(Fe_3C_{II})
白口铸铁	亚共晶白口铁	2.11~4.3	珠光体(P)+二次渗碳体(Fe_3C_{II})+莱氏体($L'd$)
	共晶白口铁	4.3	莱氏体($L'd$)
	过共晶白口铁	4.3~6.69	一次渗碳体(Fe_3C_I)+莱氏体($L'd$)

2. 铁碳合金平衡组织分析

1) 工业纯铁

碳的质量分数小于 0.021 8 % 的铁碳合金称为工业纯铁。其室温平衡组织为单相 F。F 为白色块状,在晶界处可见少量的三次渗碳体 Fe_3C_{III},见实验图 2-1。

2) 亚共析钢

碳的质量分数在 0.021 8 %~0.77 % 之间的铁碳合金称为亚共析钢,其室温平衡组织为 F+P。F 呈白色块状,P 为层片状,放大倍数不高时 P 呈黑色块状,见实验图 2-2。

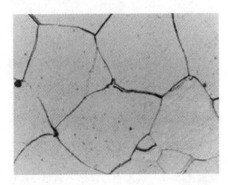 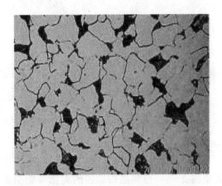

实验图 2-1 工业纯铁的室温平衡组织　　实验图 2-2 亚共析钢的室温平衡组织

3) 共析钢

碳的质量分数为 0.77 % 的铁碳合金。室温平衡组织为 P。P 组织为白色 F 和黑色 Fe_3C 的层片状混合物,见实验图 2-3。

4) 过共析钢

碳的质量分数在 0.77 %~2.11 % 之间的铁碳合金称为过共析钢,其室温平衡组织为 P+Fe_3C_{II}。Fe_3C_{II} 呈白色网状分布于暗黑色 P 晶界上,见实验图 2-4。

 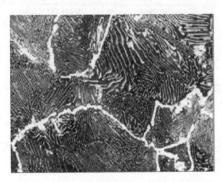

实验图 2-3 共析钢的室温平衡组织　　实验图 2-4 过共析钢的室温平衡组织

5) 亚共晶白口铁

碳的质量分数在 2.11 % ～ 4.3 % 之间的铁碳合金称为亚共晶白口铁。其室温平衡组织为 $P+Fe_3C_{II}+L'd$，见实验图 2-5。显微组织中的黑色块状或枝状分布的是 P，白色基体为 $L'd$。从奥氏体和共晶奥氏体中析出的 Fe_3C_{II} 与共晶 Fe_3C 混合在一起，在显微镜下无法分辨。

6) 共晶白口铁

碳的质量分数为 4.3 % 的铁碳合金。其室温平衡组织为 $L'd$，见实验图 2-6。白色基体为 Fe_3C，暗黑色粒状或条状组织为 P。

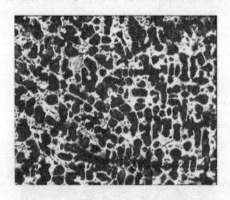
实验图 2-5　亚共晶白口铁的室温平衡组织

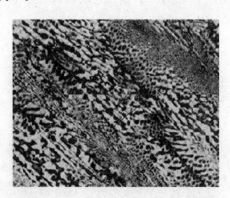
实验图 2-6　共晶白口铁的室温平衡组织

7) 过共晶白口铁

碳的质量分数在 4.3 % ～ 6.69 % 之间的铁碳合金称为过共晶白口铁。其室温平衡组织为 $L'd+Fe_3C_I$，见实验图 2-7。Fe_3C_I 为亮白色长条状分布在黑色 $L'd$ 基体上。

【金相显微镜的结构与使用方法】

用于金属材料光学显微组织分析的显微镜称为金相显微镜，它是利用反射光来观察不透明物体表面的形貌。

1. 金相显微镜的结构

实验图 2-7　过共晶白口铁的室温平衡组织

金相显微镜通常由光学系统、照明系统和机械系统三部分组成。有的显微镜还附有照相装置，有些还可与电脑连接。现以实验图 2-8 所示 4XA 型小型台式金相显微镜为例介绍其结构。

1) 机械系统

机械系统包括调焦装置、载物台和物镜转换器等，如实验图 2-8 所示。

- 调焦装置。采用钢球行星机构,粗调手轮 13 及微调手轮 14 共轴的安装在弯臂 12 两侧。调焦时,两手轮配合使用,可达到满意的效果。
- 载物台。用来放置金相试样,载物台 9 与托盘 8 之间有四方导架,用来引导载物台在 360°任意方向上平行移动,以改变试样的观察位置。
- 孔径光阑和视场光阑。孔径光阑 2 装在照明反射镜座上面,调整孔径光阑能控制入射光束的粗细,以保证物象达到清晰的程度。视场光阑 3 在物镜支架下面,用以控制视场范围,在刻有直纹的套圈上方有两个调节螺钉 4,用来调整光阑的中心。
- 物镜转换器。物镜转换器 11 呈半球形,上有三个螺孔,可安装不同放大倍数的物镜。旋转转换器可使各物镜进入光路,与不同的目镜配合,可获得不同的放大倍数。

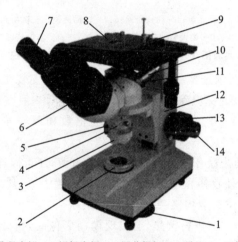

1—拨盘开关;2—孔径光阑;3—视场光阑;4—调节螺钉;5—顶丝;6—双筒目镜管;7—目镜;8—托盘;9—载物台;10—物镜;11—物镜转换器;12—弯臂;13—粗调手轮;14—微调手轮

实验图 2-8 4XA 型金相显微镜外形结构

2) 4XA 型小型台式金相显微镜的光学系统

4XA 型小型台式金相显微镜的光学系统如实验图 2-9 所示,由灯泡 1 产生的光经集光镜 2 与反光镜 3 聚集在孔径光阑 4 上,再经过照明辅助透镜 5 和 7 及辅助物镜 9 聚集到物镜组 10 的后焦面上,然后通过物镜平行照射到试样 11 的表面。从试样反射回来的光线经物镜组 10 和辅助物镜 9,由半反射镜 8 转向,经过辅助物镜 12、棱镜 13 及双筒棱镜组 14,成像在目镜 15 的前焦面上,最后以平行光线射向人眼供观察。

2. 金相显微镜的使用方法

金相显微镜的外形结构图如实验图 2-8 所示。其使用方法如下:

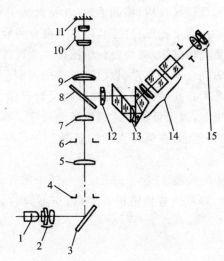

1—灯泡;2—集光镜;3—反光镜;4—孔径光阑;5、7—辅助透镜;6—视场光阑;8—半反射镜;
9、12—辅助物镜;10—物镜组;11—试样;13—棱镜;14—双筒棱镜组;15—目镜

实验图 2-9　4XA 型金相显微镜的光学系统

① 按放大倍数的要求选择所需的目镜和物镜,分别安装在目镜筒内和物镜转换器上。在物镜和目镜上的标识除了种类等级符号以外,一般在物镜上标注放大倍数和数值孔径(如 SP40/0.65),在目镜上标注放大倍数和现场直径(如 PL10/18)及机械筒长度(如 160)。

② 接通电源,转动拨盘开关 1 可打开或关闭电源,还可以连续改变光源亮度。

③ 移动载物台 9,使物镜位于载物台上中心孔的中央,然后将试样放在载物台上,使要观察的试样部位对准物镜,并用弹性压条压住试样。

④ 先转动粗调手轮 13 进行调焦,当出现模糊影像时,再转动微调手轮 14,直到观察到清晰的物像为止。

⑤ 适当调节孔径光阑 2 和视场光阑 3,以获得最佳的观察效果。

【实验内容】

实验前,需认真做好实验预习。熟悉金相显微镜的结构和使用方法;了解铁碳合金平衡组织的概念;熟悉不同碳含量的铁碳合金,其平衡组织的形态和特征。

1. 实验仪器设备及用品

- 金相显微镜;
- 典型铁碳合金平衡组织试样。

2. 实验步骤

① 在金相显微镜下,观察各种铁碳合金的室温平衡组织,识别各相及组织组成物。

② 根据其特征，绘出亚共析钢、共析钢、过共析钢、亚共晶白口铁、共晶白口铁和过共晶白口铁的室温平衡组织图，并用引线指出图中各组成物的名称。

③ 分析铁碳合金的含碳量与组织和性能之间的关系。

④ 根据不同碳含量铁碳合金室温平衡组织的特征，判断未知铁碳合金的种类和含碳量。

3. 注意事项

① 在观察显微组织时，可先用低倍镜头全面地进行观察，找出典型组织。然后再用高倍镜头放大，在局部区域进行详细观察。

② 在移动金相试样时，可移动金相显微镜的载物台，不得用手触摸金相试样，更不得擦伤试样的抛光面，以避免划伤金相试样的观察面，影响观察。

③ 绘画平衡组织图时，应抓住各种铁碳合金的组织形态特征，注意区分划痕和杂质。

4. 实验报告要求

实验报告应包括的内容：
- 实验目的；
- 实验所用仪器设备；
- 实验的基本原理；
- 实验过程；
- 实验原始数据记录表；
- 实验结果分析及结论。根据所观察的组织，说明碳含量对铁碳合金的组织和性能影响的一般规律。

铁碳合金平衡组织观察
实验记录表

班级_____姓名_____学号_____实验日期_____

  画出所观察到的铁碳合金显微组织，注明材料名称、含碳量、侵蚀剂、放大倍数等，并用引线标出组织的名称。

○	○	○
材料名称：_____	材料名称：_____	材料名称：_____
含碳量：_____	含碳量：_____	含碳量：_____
侵蚀剂：_____	侵蚀剂：_____	侵蚀剂：_____
放大倍数：_____	放大倍数：_____	放大倍数：_____
○	○	○
材料名称：_____	材料名称：_____	材料名称：_____
含碳量：_____	含碳量：_____	含碳量：_____
侵蚀剂：_____	侵蚀剂：_____	侵蚀剂：_____
放大倍数：_____	放大倍数：_____	放大倍数：_____

指导教师签字：_____
时间：_____

实验三　碳钢的热处理(综合性试验)

【实验目的】
- 了解碳钢热处理的基本概念、热处理工艺方法的分类、目的、作用和原理;
- 掌握设计、制定碳钢的淬火工艺和回火工艺的基本方法;
- 设计制定简单零件的淬火和回火工艺,并进行操作;
- 测试材料不同热处理状态的硬度,分析硬度与热处理工艺的关联性,从而增强对热处理原理与工艺的感性认识,加深对热处理的了解。
- 通过实验,使学生加深对课堂教学内容的理解,掌握热处理的基本原理和工艺基本知识,熟练使用热处理相关仪器设备。

【基本知识】

1. 碳钢的热处理工艺及种类

热处理是一种重要的金属加工工艺。它对改善钢材的质量,提高工件使用寿命起着极其重要的作用。例如在机床制造中,百分之六十到七十的零件都要经过热处理。至于模具和滚动轴承等都进行热处理之后才能使用。因此,热处理将在现代化工业中发挥更重要的作用。

热处理是将固态金属或合金在一定介质中加热、保温和冷却,以改变其整体或表面组织,从而获得所需性能的一种工艺。退火、正火、淬火和回火是钢的基本热处理工艺。退火和正火可作为钢材的预先处理,也可以是最终热处理,钢材经退火或正火后一般均得到珠光体类组织。但由于冷却速度不同,正火冷却速度大于退火,因此正火所得珠光体比退火为细,其硬度和强度等性能比退火高。淬火和随后回火热处理经常是作为零件的最终的热处理,一般可提高钢的硬度和强度。

为了使钢件在热处理后获得所需要的性能,大多数热处理工艺(如淬火、正火和普通退火等)都要将钢件加热到高于临界点温度,以获得全部或部分奥氏体组织并使之均匀化,这个过程称为奥氏体化。然后通过不同的冷却制度,使奥氏体转变为不同的组织(包括平衡组织与不平衡组织),从而获得所需的性能。

亚共析钢、过共析钢的奥氏体形成,以及先共析铁素体或二次渗碳体继续向奥氏体转变或溶解的过程,只有加热温度超过 A_3(亚共析钢)或 A_{c_m}(过共析钢)后,才能全部转变或溶入奥氏体。特别地,对过共析钢,在加热到 A_{c_m} 以上全部得到奥氏体时,因为温度较高,且含碳量多,使所得的奥氏体晶粒明显粗大。

2. 碳钢的热处理(淬火、回火)工艺制定

1) 加热温度的选择

(1) 淬火加热温度的选择

淬火加热温度的选择应以得到细小而均匀的奥氏体晶粒为原则,以便冷却后获得细小的马氏体。碳钢淬火温度范围如实验图 3-1 所示。

亚共析钢淬火:淬火温度为 $A_{c_3}+30\sim50$ ℃。目的是使原始组织全部发生奥氏体化,防止淬火时有铁素体存在而降低钢的淬火硬度和强度。

共析钢、过共析钢淬火温度为 $A_{c_1}+30\sim50$ ℃。使碳化物不要全部溶入奥氏体,在淬火时保留部分未溶碳化物,既有利于提高钢的

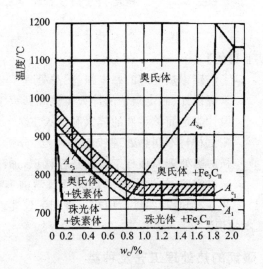

实验图 3-1 碳钢淬火温度范围

强度和耐磨性,又可以防止奥氏体晶粒长大,且可保证韧性。

对于合金钢,由于大多数合金元素(Mn、P 除外)有阻碍奥氏体晶粒长大的作用,因此淬火温度比碳钢高,一般为临界点以上 50~100 ℃。

(2) 回火加热温度的选择

回火加热温度一般的是将淬火后的工件加热到 A_1 以下某一温度。不同的回火工艺方法,加热温度是不同的。

① 低温回火:加热温度 150~250 ℃。消除淬火件的残余内应力,淬火时产生的微裂纹基本可以得到愈合,可以使材料保持淬火获得的高硬度、高强度和良好的耐磨性,并使钢的韧性明显改善。主要用于有高硬度、高耐磨性要求的各种高碳钢材料制造的工具、模具、刃具及滚动轴承零件,以及进行渗碳和表面淬火的零件,如钳子、锉刀、轴承、模具、量具等。一般高碳钢淬火后进行高温回火,硬度为 58~64 HRC。

② 中温回火:加热温度 350~500 ℃。钢的弹性极限一般在回火温度 200~400 ℃时出现极大值,因此中温回火主要用于各种有弹性要求的零件,如弹簧等。弹簧钢淬火后经中温回火,其硬度一般为 35~45 HRC。

③ 高温回火:加热温度 500~650 ℃。中碳结构钢(或中碳合金结构钢)淬火后进行高温回火的工艺方法又称为调质处理。结构零件经过调质处理后,可获得良好的综合力学性能,既保持了一定的强度和硬度,也获得了非常好的塑性和韧性,硬度一般 25~35 HRC。广泛用于处理各种重要零件,特别是承受交变载荷的零件,如

连杆、齿轮和传动轴等。

2)保温时间的确定

(1)淬火保温时间的确定

淬火保温的目的是使零件内外温度达到一致,并获得成分均匀的奥氏体,所以保温时间不能太短。但也不能太长,否则加热温度越高、保温时间越长,奥氏体晶粒就会越粗大,影响材料的力学性能。

一般的,保温时间主要取决于加热介质、钢材成分、炉温、工件的形状和大小、装炉方式和装炉量等因素。

目前多采用下列经验公式来计算保温时间。

$$t = \alpha \times K \times H \qquad (实验 3-1)$$

式中:t——保温时间(min)。

α——保温时间系数(min/mm)。一般的,碳钢工件直径≤50 mm,在800~900 ℃的箱式炉或井式炉中加热,$\alpha=1.0\sim1.2$ min/mm。

K——装炉间隔系数,见实验表3-1。

H——工件有效厚度(mm),见实验表3-2。

实验表3-1 淬火工件装炉间隔系数 K

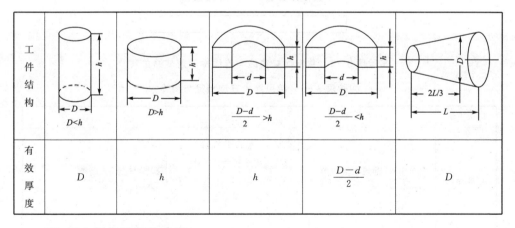

实验表3-2 工件有效厚度 H

工件结构					
	$D<h$	$D>h$	$\frac{D-d}{2}>h$	$\frac{D-d}{2}<h$	
有效厚度	D	h	h	$\frac{D-d}{2}$	D

(2)回火保温时间的确定

回火保温时间一般参照下面的经验公式。

$$t = aH + b \qquad (实验 3-2)$$

式中:a——加热系数(min/mm)。根据炉型而定,一般电阻炉 $a=1.0$。

H——工件有效厚度(mm)。

b——附加时间(min)。一般为 10~20 min。

3) 冷却介质的选择和冷却方法

(1) 淬火的冷却

淬火的冷却速度要大于淬火钢的临界冷却速度,以保证获得淬火马氏体组织,但又要能减少变形和避免开裂。为此,可根据 C 曲线图(如实验图 3-2 所示),使淬火工件在过冷奥氏体最不稳定的温度范围(650~550 ℃)进行冷却(即与 C 曲线的"鼻尖"相切),而在较低温度(300~100 ℃)时的冷却速度则尽可能小些。因此,要根据淬火钢的化学成分、结构尺寸和技术要求等正确选择淬火冷却介质和淬火冷却方法。

生产中,常用的淬火冷却介质有水、油、盐或碱的水溶液及各种盐溶液等。常用的冷却方式特征和用途,见实验表 3-3。

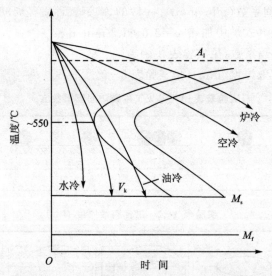

实验图 3-2　共析钢 C 曲线与连续冷却速度的关系

实验表 3-3　常见淬火方法特征与用途

淬火方法	冷却特征	淬火后组织	用途
单液淬火	在单质水、油或水溶液等介质中冷却至室温	亚共析钢及共析钢: 马氏体＋残余奥氏体 过共析钢: 马氏体＋粒状碳化物＋残余奥氏体	碳素钢:水、水溶液 合金钢:油
双液淬火	先在水中快冷至稍高于 M_s 的温度,取出再油冷至室温	同上	碳素工具钢和低合金结构钢

续实验表 3-3

淬火方法	冷却特征	淬火后组织	用途
分级淬火	在 M_s 点附近温度的熔盐中短时间等温冷却,然后取出空冷	同上	小截面尺寸的碳素工具钢和合金钢件,以减少内应力和变形
等温淬火	在稍高于 M_s 的下贝氏体转变区,较长时间等温冷却,然后空冷	下贝氏体	用于小截面的零件或工具,保证高硬度(50~55 HRC)和较好的韧性
冷处理	淬火后继续在 0 ℃ 以下冷却	马氏体(残余奥氏体向马氏体转变)	用于 M_f 低于 0 ℃ 以下的精密零件和工具,以提高硬度、尺寸及组织的稳定性

(2) 回火的冷却

回火一般采用空冷的方式。

【SX-4-10 箱式电阻炉及温控器的使用方法】

SX-4-10 箱式电阻炉及温控器,见实验图 3-3。

1) 技术指标

额定功率 4 kW、额定温度 1 000 ℃、工作室尺寸(300×200×120) mm^3。

2) 主要用途

箱式电阻炉及温度控制器可作为元素分析测定、小型钢件及其他金属热处理时加热及保温。用于"碳钢的热处理"实验等。

3) 操作规程

箱式电阻炉及温度控制器属于特殊的加热和控温仪器,使用方法如下。

① 放入试样。打开电阻炉门,放入热处理试样,关严炉门。

② 开机。设定所需加热温度,打开电源开关,进行加热,红色指示灯亮。仪表显示工作室温度。

实验图 3-3 SX-4-10 型箱式电阻炉及温度控制器

③ 当炉内温度加热到设定温度时,温控器自动断电,绿色指示灯亮。

④ 根据试样的不同壁厚,确定保温时间,并开始计时。

⑤ 保温过程中,红绿灯交替变化表示进入恒温状态。

⑥ 保温结束后,即可断电,对试样进行冷却处理。

【实验内容】

实验前,需认真做好实验预习。了解热处理的基本概念、热处理的目的和作用以及热处理工艺的基本方法。了解淬火工艺和回火工艺的加热温度、保温时间和冷却方法的确定方法。熟悉热处理加热炉的结构和使用方法。

1. 实验仪器设备及用品

- SX－4－10 箱式电阻炉及温控器；
- 不同含碳量的碳素钢试样；
- 布氏硬度计、洛氏硬度计等；
- 砂纸、热处理钳、热处理手套及冷却介质容器等。

2. 实验步骤

① 每人领取一块试样，用砂纸磨去表面铁锈及污物后，测试并记录试样的原始硬度。

② 讨论确定该碳含量碳素钢的淬火工艺，包括淬火加热温度、保温时间和冷却介质等。

③ 按材料的成分分别放入加热炉进行加热和保温，进行淬火处理。

④ 用砂纸磨去试样表面铁锈，测试试样淬火后的硬度，并记录淬火硬度值。

⑤ 讨论确定该碳含量碳素钢的回火工艺，包括回火加热温度、保温时间等。

⑥ 按材料的成分分别放入加热炉进行加热和保温，进行回火处理。

⑦ 用砂纸磨去试样表面铁锈，测试试样回火后的硬度，并记录回火硬度值。

⑧ 对实验结果进行讨论分析，得出结论。

3. 注意事项

① 实验前应预习实验指导书及有关知识。

② 整个实验过程中，每位同学应对同一块试样进行淬火和回火处理，不得混乱。

③ 爱护实验仪器设备，按操作规程正确使用仪器设备。

④ 相同加热温度的试样，尽量放在一起同时加热，以节约电能，节约时间。

⑤ 开关炉门、取放试样时应佩戴好防护手套，用热处理钳取放试样。

4. 实验报告要求

实验报告应包括的内容：

- 实验目的；
- 实验所用仪器设备；
- 实验的基本原理；
- 实验过程；
- 实验原始数据记录表；
- 实验结果分析及结论。分析碳钢热处理前后的显微组织变化及其对材料力学性能的影响。分析含碳量、加热温度、冷却方式及淬火后回火温度对碳钢性能（主要是硬度）的影响等。

碳钢的热处理实验
数据记录表

班级_____ 姓名_____ 学号_____ 实验日期_____

材料牌号		材料初始状态	
初始硬度		淬火温度	
淬火保温时间		淬火介质	
淬火硬度		回火温度	
回火保温时间		回火硬度	

指导教师签字：_____
　　　时间：_____

实验四 金相试样制备及金相显微镜的使用(选做)

【实验目的】
➢ 初步掌握金相试样的制备方法；
➢ 了解金相显微镜的成像原理及基本结构,掌握金相显微镜的使用方法。

【金相显微镜的结构与使用】

为了正确地分析金属材料的组织结构,必须掌握金相分析技术,包括宏观组织分析(≤30 倍)、光学组织分析(50～100 倍)及电子显微组织分析(>2 000 倍)。

用作金属材料光学显微组织分析的显微镜称为金相显微镜,它是利用反射光来观察不透明物体表面的形貌。

1. 金相显微镜的结构

金相显微镜通常由光学系统、照明系统和机械系统三部分组成。有的显微镜还附有照相装置,有些还可与计算机连接。现以实验图 4-1 所示 4XA 型小型台式金相显微镜为例介绍其结构。

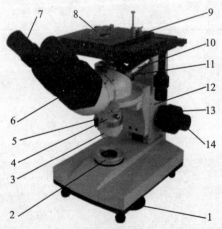

1—拨盘开关;2—孔径光阑;3—视场光阑;4—调节螺钉;5—顶丝;6—双筒目镜管;7—目镜;
8—托盘;9—载物台;10—物镜;11—物镜转换器;12—弯臂;13—粗调手轮;14—微调手轮

实验图 4-1 4XA 型金相显微镜外形结构

1) 4XA 型小型台式金相显微镜的光学系统

4XA 型小型台式金相显微镜的光学系统如实验图 4-2 所示,由灯泡 1 产生的光经集光镜2与反光镜3聚集在孔径光阑4上,再经过照明辅助透镜5和7及辅助物镜9聚集到物镜组10的后焦面上,然后通过物镜平行照射到试样11的表面。从试样反射回来的光线经物镜组10和辅助物镜9,由半反射镜8转向,经过辅助物镜12、棱镜13及双筒棱镜组14,成像在目镜15的前焦面上,最后以平行光线射向人眼供观察。

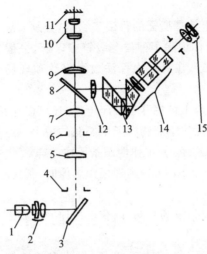

1—灯泡;2—集光镜;3—反光镜;4—孔径光阑;5、7—辅助透镜;6—视场光阑;8—半反射镜;9、12—辅助物镜;10—物镜组;11—试样;13—棱镜;14—双筒棱镜组;15—目镜

实验图4-2　4XA型金相显微镜的光学系统

2) 4XA型小型台式金相显微镜的照明系统

如实验图4-1所示,在显微镜底座内装有一个低压(6 V、15 W)卤钨灯泡作为光源,由底座内的变压器供电,调节次级电流可改变灯光的亮度。光源聚光系统、孔径光阑、反光镜等均安装在底座内,视场光阑及另一个聚光镜安装在支架上,它们组成显微镜的照明系统,使试样表面获得均匀充分的照明。

3) 机械系统

机械系统包括调焦装置、载物台和物镜转换器等,如实验图4-1。

(1) 调焦装置

采用钢球行星机构,粗调手轮13及微调手轮14共轴的安装在弯臂12两侧。调焦时,两手轮配合使用,可达到满意的效果。

(2) 载物台

用来放置金相试样,载物台9与托盘8之间有四方导架,用来引导载物台在360°任意方向上平行移动,以改变试样的观察位置。

(3) 孔径光阑和视场光阑

孔径光阑2装在照明反射镜座上面,调整孔径光阑能控制入射光束的粗细,以保证物像达到清晰的程度。视场光阑3在物镜支架下面,用以控制视场范围,在刻有直纹的套圈上方有两个调节螺钉4,用来调整光阑的中心。

(4) 物镜转换器

物镜转换器11呈半球形,上有三个螺孔,可安装不同放大倍数的物镜。旋转转换器可使各物镜进入光路,与不同的目镜配合,可获得不同的放大倍数。

2. 金相显微镜的使用方法

① 按放大倍数的要求选择所需的目镜和物镜,分别安装在目镜筒内和物镜转换器上。在物镜和目镜上的标识除了种类等级符号以外,一般在物镜上标注放大倍数和数值孔径(如 SP40/0.65),在目镜上标注放大倍数和现场直径(如 PL10/18)及机械筒长度(如 160)。

② 接通电源,转动拨盘1可打开或关闭电源,还可以连续改变光源亮度。

③ 移动载物台,使物镜位于载物台上中心孔的中央,然后将试样放在载物台上,使要观察的试样部位对准物镜,并用弹性压条压住试样。

④ 先转动粗调手轮进行调焦,当出现模糊影像时,再转动微调手轮,直到观察到清晰的物像为止。

⑤ 适当调节孔径光阑和视场光阑,以获得最佳的观察效果。

【金相试样的制备方法】

金相试样的制备包括取样、(镶嵌)、磨制、抛光和侵蚀等工序。制备好的试样应无磨痕、无麻点、无水印,腐蚀程度适中并且金属组织中的夹杂、石墨不得脱落,否则将会严重影响显微分析的正确性。

1. 取　样

取样时应考虑取样部位、切取方法、检验面的选择,以及样品是否需要夹持或镶嵌等。根据研究目的不同,应从实物上选取有代表性的部位取样。切取时,无论用何种方法,都应避免试样因受热或受力等变形而使组织发生变化。检验面的选取应根据观察目的,纵向截面适合观察材料的纤维组织、夹杂及加工件变形方向。横向截面适合检验脱碳层、渗碳层、淬火层、表面缺陷、碳化物网格,以及晶粒度测定等。试样尺寸以便于握持,易于磨制为度,一般以直径 12～15 mm,高度 12～15 mm 为宜。

2. 镶　嵌

若试样细小,不便操作,可采用镶嵌法或机械夹持法。如实验图 4-3 所示。

3. 磨　制

磨制分为粗磨、细磨和精磨。

粗磨在砂轮机上进行,目的是磨去热处理的脱碳层或切割试样时留下的凹凸不平的部分,以得到一个较为平整的表面。磨制时注意随时用水冷却。

细磨是在预磨机上进行的。预磨机的磨盘上装有 240♯～340♯水砂纸,磨盘转速 450～550 r/min,预磨的目的是消除粗磨时在试样表面造成的粗糙的磨痕,以缩短在金相砂纸上精磨的时间。操作时,打开水管阀门,让水流滴注在磨盘中心。手持试样,凭感觉把试样放平在砂纸上,并施加一定的压力,手指不断地转动试样,以避免在试样表面产生一个方向的磨痕。预磨时间一般不超过 1 min。

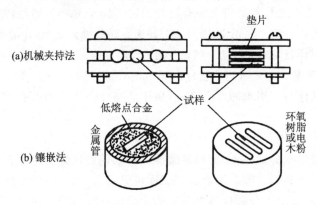

实验图 4-3　金相试样的夹持和镶嵌法

精磨是在金相砂纸上进行的,目的是消除预磨机上的变形层和较粗的磨痕,使试样的磨痕更细微。常用的金相砂纸为 400♯(W28)、500♯(W20)、600♯(W14)和 800♯(W10)等。磨时先把细磨好的试样用水洗净、擦干,然后由粗到细一次在各号砂纸上把磨面磨光。操作要领是"轻压平推,单程单向"。把砂纸平铺在厚玻璃板上,左手按住砂纸,右手握住试样,将磨面朝下并与砂纸接触,在 3～7 N/cm² 的压力下向前推进磨削。用力均匀平稳,勿使试样磨偏。试样退回时不与砂纸接触。这样反复进行,直到试样上旧的磨痕被磨掉,新的磨痕均匀、细微、方向一致时为止。

再调换下一号更细的砂纸时,应将试样上的磨屑和沙粒清除干净,并转动 90°,即与上一道磨痕方向垂直。精磨时间一般不超过 5 min,实验图 4-4 为金相砂纸磨削过程示意图。

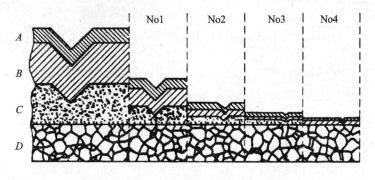

实验图 4-4　金相砂纸磨削过程示意图

4. 抛 光

抛光的目的是除去精磨时磨面上留下来的细微磨痕,以获得光滑的镜面。常用的抛光方法有机械抛光、电解抛光和化学抛光等,其中以机械抛光最简便、用途最广泛。

机械抛光是在抛光机的磨盘上装有抛光织物(呢、绒、毡等),磨盘转速 1 350 r/min。操作时,手持试样以 2~4 N/cm² 的压力压在高速旋转的抛光盘上,并沿抛光盘半径方向往复移动,同时试样自身略加转动。抛光后的试样磨面应光亮无痕,且石墨或夹杂物等不应丢失或有曳尾现象。抛光时间一般为 1~3 min,不宜过长。

抛光后的试样马上用水冲洗干净,然后用酒精冲去残留的水迹,再用风机吹干。

5. 浸 蚀

抛光后未经浸蚀的试样,在金相显微镜上可以观察到铸铁的形态,金属中某些非金属夹杂物、孔、洞和裂纹等。浸蚀后的试样可显示出金属的机体组织。

浸蚀的作用是,由于金属材料中各相的化学成分和结构不同,故具有不同的电极电位,在浸蚀中就形成了许多微电池。电极电位低的相为阳极电位而被溶解,电极电位高的相为阴极电位而保持不变,所以浸蚀后就形成了凹凸不平的表面。纯金属与单相合金浸蚀时,由于晶界原子排列较乱,缺陷和杂质较多,易被侵蚀成沟壑。观察时,由于光线分在晶界处被散射不能进入物镜,因此显示出一条条黑色晶界,如实验图 4-5 所示。

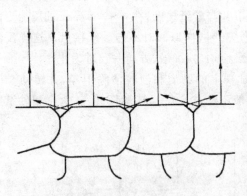 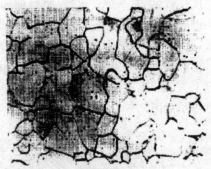

(a) 纯铁晶界上的光线散射示意图　　　　(b) 纯铁显微组织的晶界(400X)

实验图 4-5　纯铁晶界显示示意图

化学浸蚀剂的种类很多,应按材料种类,热处理状态及观察目的选择适当的浸蚀剂。碳素钢与铸铁一般用 4 % 的硝酸酒精溶液。

浸蚀方法可用棉花蘸取浸蚀剂擦拭磨面,或把浸蚀剂放在玻璃皿中,将试样磨面朝下浸入浸蚀剂中。试样的化学成分及热处理状态不同,浸蚀的时间也不同,一般情况下,淬火钢为 1～2 s。工业纯铁则需十几秒。待试样磨面失去光泽略发暗为度,立即用清水冲洗残余浸蚀剂,然后用酒精冲洗,最后用风机吹干。一次浸蚀不足可以再浸蚀,但若浸蚀过度,则需要重新抛光。总之,浸蚀深度以能在显微镜下清晰地显示出组织的细节为准。

【实验内容】

实验课前应认真预习实验指导书,了解金相显微镜及有关设备的构造、原理、操作方法和注意事项等。

1. 实验设备、仪器及用品

实验所用主要设备、仪器及用品有:
- 砂轮机;
- 预磨机;
- 抛光机;
- 金相显微镜;
- 水砂纸(240♯～340♯);
- 金相砂纸(400♯～800♯);
- 氧化铬抛光粉;
- 浸蚀剂(4%的硝酸酒精溶液);
- 90♯医用酒精;
- 脱脂棉;
- 金相显微组织分析系统。

2. 实验步骤

① 每人制备一块金相试样,并观察其金相组织。

② 用金相显微组织分析系统对金相试样进行拍照,并分析金相组织的特征和组织。

③ 同学之间相互交流实验的收获,探讨金相试样制备的经验。

④ 交回试样,整理实验设备及用品。

3. 注意事项

① 金相试样在放上载物台之前必须先吹干,并注意操作者的手保持清洁干燥。

② 光学零件必须保持清洁,显微镜头严禁用手触摸,若发现镜头上有脏污、灰尘或指纹,应及时用耳球吹去灰尘,或用镜头纸及二甲苯轻轻擦拭清除,不得用酒精,以防透镜胶被溶解。

③ 在更换物镜或调焦时,要防止物镜受到磨、碰而损坏。

④ 不要用手触摸试样抛光面,在显微镜上观察时,若要改变观察位置,应用手移

动载物台,而不应移动试样,以免磨坏抛光面。

⑤ 在预磨机、抛光机上操作时,应确定磨盘为逆时针旋转,手持试样放在磨盘的右侧,身体直立,凭感觉把试样放平,切勿低头用眼观察试样是否放平。操作过程中,注意力要集中,避免试样飞出造成事故。

4. 实验报告要求

> 简述实验目的;
> 实验所用仪器设备等;
> 实验原理和方法;
> 实验步骤;
> 实验结果,并分析得出结论;
> 实验总结。

实验五 钢铁材料的火花鉴别(选做)

【实验目的】

运用钢铁材料的火花鉴别方法,使学生学会根据不同材料火花的流线、火花特征以及火花的颜色,近似鉴别钢铁材料的化学成分和种类。

【基本知识】

火花鉴别原理是:当钢铁材料被砂轮磨削成高温微细颗粒被高速抛射出来时,在空气中剧烈氧化,金属微粒产生高热和发光,形成明亮的流线,并使金属微粒熔化达熔融状态,使所含的碳氧化为 CO 气体进而爆裂成火花。

不同含碳量的钢铁材料,或不同的合金材料,由于化学成分的差异,磨削时的火花会呈现出不同的形态或颜色。

在实际生产中,为了防止混料,保证热处理零件的质量,常需对原材料及零件的化学成分做出初步鉴定,火花鉴别法就是一种简便、有效、快捷的方法之一。

1. 火花的形状与原理

钢铁材料磨削时产生的火花流线由根部火花、中部火花和尾部火花等三部分组成,如实验图 5-1 所示。火花束由流线、节点、爆花和尾花所构成。

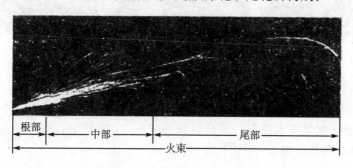

实验图 5-1 火花流线各部位名称

1)火花流线

火花流线是火花束中线条状的光亮火花,有各种不同的形态,常见的有直线流线、断续流线、波状流线和断续波状流线等,如实验图 5-2 所示。

2)节　点

节点是指流线上明亮而粗大的亮点,其温度较流线其他部位更高,如实验图 5-3 所示。

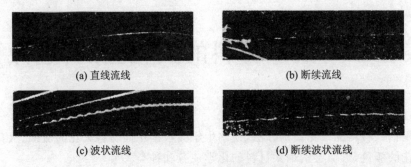

(a) 直线流线　　　　　　　　(b) 断续流线

(c) 波状流线　　　　　　　　(d) 断续波状流线

实验图 5-2　火花流线的不同形态

3) 爆　花

爆花分布在流线上，以节点为核心，是碳元素燃烧特有的火花特征。爆花形式随含碳量和其他元素的含量、温度、氧化性以及钢的组织结构等因素而变化，

实验图 5-3　节　点

所以爆花的形态在钢铁材料的火花鉴别中占有相当重要的作用。

爆花爆裂产生的短流线称为芒线。只有一次爆裂的芒线称为一次花。在一次花的芒线上，又一次发生爆裂的爆花称为二次爆花。以此类推，爆花分为一次花、二次花、三次花以及多次花等等，它们与材料的含碳量 w_C（即碳的质量分数）有关，如实验图 5-4 所示。

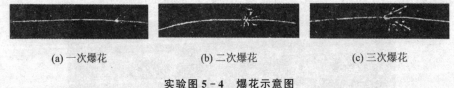

(a) 一次爆花　　　　　　(b) 二次爆花　　　　　　(c) 三次爆花

实验图 5-4　爆花示意图

4) 尾　花

尾花是在流线尾部末端所呈现的特殊形式的火花的总称，有直线尾花、狐尾尾花、枪尖尾花和钩状尾花等

2. 火花形成原理

钢铁试样与高速旋转的砂轮接触，被磨下来的屑装颗粒沿切线方向高速喷射出来，具有一定温度的颗粒被空气中的氧激烈氧化，温度急剧升高，甚至熔化成细小的液滴，因此在飞行中形成一条条光亮的线条，这就是火花的流线。

细小的金属液滴表面在空气中氧化，生成一层 FeO 薄膜，而其中的碳元素更是极易氧化而形成 CO，使 Fe 还原，还原后的铁再被空气氧化，然后再次被还原，这种连锁反应可以在瞬间使内部积聚相当多的 CO 气体。当 CO 气体的压力足够冲破金属液滴表面氧化膜的约束时,就炸裂形成爆花。

金属液滴经一次爆裂后,若能形成更细小的液滴并且其中含有铁和碳元素时,将继续发生氧化反应和再次发生爆裂,这就是发生二次以上爆花的原因。所以,钢铁材料的含碳量越高,则多次爆裂的间距也越短,火花爆裂的次数与爆花数量也越多。

由于钢铁材料中的碳元素是火花形成的基本元素,而一些合金元素则直接或间接地影响火花束的形态,所以根据火花束中的流线、爆花、尾花和颜色等特征,可以定性地判断钢铁材料的化学成分。

3. 常用钢铁材料的火花特征

1) 工业纯铁($w_C < 0.021\ 8\ \%$)

流线较粗,量稀少,根部与尾部的色泽与流线粗细均有较大差别。流线上无爆花,但间有稀落的二、三分叉,角度较小,芒线较细,见实验图 5-5。

2) 20 钢($0.17\ \% < w_C < 0.24\ \%$)

火花束色草黄微红,根部与尾部的色泽较中部稍暗。流线较粗,量较多而稍长,尾部下垂,在爆花的芒线上有明显的呈直线脱离的枪尖尾花。节点与爆花量稀少,呈一次多分叉单花形式,不时有少量二次爆裂芒线,爆花角度大,芒线粗长,并有明亮节点,见实验图 5-6。

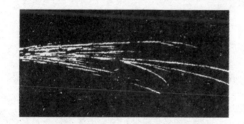 

实验图 5-5　工业纯铁的火花图　　　　实验图 5-6　20 钢的火花图

3) 45 钢($0.42\ \% < w_C < 0.50\ \%$)

火花束色黄而较明亮,流线较细长,量多且直。爆花多为三次爆花,大型爆花后还有二、三层枝装爆花,流线尾部及中部有节点,见实验图 5-7。

4) T8 钢($0.75\ \% < w_C < 0.84\ \%$)

火花束黄亮,流线短细而直,量多。爆花为多分叉、多层多次花形式,量多而密集,大型爆花减少,枝装爆花增多,芒线细不甚密,见实验图 5-8。

5) T12 钢($1.15\ \% < w_C < 1.24\ \%$)

火花束呈橙红色,根部暗红,中部稍明亮,尾部渐暗。流线频多而十分细密,较短且尾部平直。爆花多为多层多次花,花型较小而数量繁多并有较多花粉,见实验图 5-9。

实验图 5-7　45 钢的火花图

实验图 5-8　T8 钢的火花图

6) W18Cr4V(高速钢)

火花束呈暗褐红色，根部暗红，光度极暗弱，流线细长，量少，平直，其根部和中部为断续流线，有时呈波浪流线，几乎无火花爆裂，仅在尾部略有少量狐尾爆裂，形成点状狐尾爆花，见实验图 5-10。

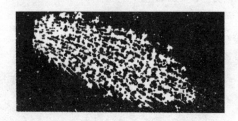
实验图 5-9　T12 钢的火花图

实验图 5-10　W18Cr4V 钢的火花图

【实验内容】

实验前，需认真做好实验预习。预习实验指导书及钢铁材料的分类等相关知识。

1. 实验设备与材料

- 台式砂轮机：转速 2 800 r/min，选用 $\Phi 200 \times 25$，粒度 50 左右，中等硬度普通氧化铝砂轮；
- 各种牌号钢铁材料试样若干；
- 无色平光保护镜。

2. 操作方法

① 实验时，操作者带上无色平光保护镜，手持试样在砂轮圆周面进行磨削，并使火花束沿水平方向射出，以便观察。

② 其他同学站在火花束两侧仔细观察，注意火花束的长度、颜色和各部位花型特征，并用相机拍下火花的图片。

③ 分析火花的形态特征，并与火花图册进行比较，鉴别出各种材料。

3. 注意事项

① 磨削试样时，操作者应戴好平光保护镜，以避免飞溅的火花和磨屑损伤到眼睛。

② 不要站在砂轮直径方向上，避免高速旋转的砂轮一旦破裂，飞出的碎片伤人。

③ 磨削时，注意手握试样压在砂轮上的压力要适中，以求获得长短适中的火花束，可以采用黑色背景（如黑板、黑布等），以获得较佳的观察效果。

【实验报告要求】

实验报告应包括的内容：
- 实验目的；
- 火花鉴别的基本原理；
- 附上火花的图片，指出火花的特征；
- 鉴别材料的种类，写出材料牌号；
- 实验的收获及总结等。

实验六　冲压模具拆装

【实验目的】
- 了解冲压模具的种类、工作原理和用途；
- 了解冲压模具的基本结构，各主要结构的形式和作用；
- 了解冲压工艺的基本知识。

【基本知识】

1. 冲压模具

冲压模具，见实验图 6-1，是在冷冲压加工中将材料（金属或非金属）加工成零件（或半成品）的一种特殊工艺装备，称为冷冲压模具（俗称冷冲模）。冲压，是在室温下利用安装在压力机上的模具对材料施加压力，使其产生分离或塑性变形，从而获得所需零件的一种压力加工方法。

实验图 6-1　冲压模具

冲压件的质量、生产效率以及生产成本等，与模具设计和制造有直接关系。

模具设计与制造技术水平的高低，是衡量一个国家产品制造水平高低的重要标志之一，在很大程度上决定着产品的质量、效益和新产品的开发能力。

1）冲压模具的分类

冲压模具的形式很多，冲模也依工作性质、模具构造、模具材料三方面来分类。

（1）根据工艺性质分类

根据工艺性质，可将模具分成冲裁模、弯曲模、拉深模、成形模和铆合模等。

- 冲裁模。沿封闭或敞开的轮廓线使材料产生分离的模具。如落料模、冲孔模、切断模、切口模、切边模、剖切模等。
- 弯曲模。使板料毛坯或其他坯料沿着直线（弯曲线）产生弯曲变形，从而获得一定角度和形状的工件的模具。
- ➤ 拉深模。是把板料毛坯制成开口空心件,或使空心件进一步改变形状和尺寸的模具。
- ➤ 成形模。是将毛坯或半成品工件按图凸、凹模的形状直接复制成形,而材料本身仅产生局部塑性变形的模具。如胀形模、缩口模、扩口模、起伏成形模、翻边模、整形模等。
- ➤ 铆合模。是借用外力使参与的零件按照一定的顺序和方式连接或搭接在一起,进而形成一个整体。

(2) 根据工序组合程度分类

根据工序组合程度,可将模具分成单工序模、复合模、级进模(也称连续模)和传递模。
- ➤ 单工序模。在压力机的一次行程中,只完成一道冲压工序的模具。
- ➤ 复合模。只有一个工位,在压力机的一次行程中,在同一工位上同时完成两道或两道以上冲压工序的模具。
- ➤ 级进模(也称连续模)。在毛坯的送进方向上,具有两个或更多的工位,在压力机的一次行程中,在不同的工位上逐次完成两道或两道以上冲压工序的模具。
- ➤ 传递模。综合了单工序模和级进模的特点,利用机械手传递系统,实现产品的模内快速传递,可以大大提高产品的生产效率,减低产品的生产成本,节省材料成本,并且质量稳定可靠。

(3) 根据材料变形特点分类

根据材料的变形特点,可将模具分成冲剪模具、弯曲模具、抽制模具、成形模具和压缩模具五大类。
- ➤ 冲剪模具。是以剪切作用完成工作的,常用的形式有剪断冲模、下料冲模、冲孔冲模、修边冲模、整缘冲模、拉孔冲模和冲切模具。
- ➤ 弯曲模具。是将平整的毛坯弯成一个角度的形状,视零件的形状、精度及生产量的多寡,乃有多种不同形式的模具,如普通弯曲冲模、凸轮弯曲冲模、卷边冲模、圆弧弯曲冲模、折弯冲缝冲模与扭曲冲模等。
- ➤ 抽制模具。抽制模具是将平面毛坯制成有底无缝容器。
- ➤ 成形模具。指用各种局部变形的方法来改变毛坯的形状,其形式有凸张成形冲模、卷缘成形冲模、颈缩成形冲模、孔凸缘成形冲模、圆缘成形冲模。
- ➤ 压缩模具。是利用强大的压力,使金属毛坯流动变形,成为所需的形状,其种类有挤制冲模、压花冲模、压印冲模、端压冲模。

除此以外,冲压模具还可以按照材料送进方式分为手动送料模、半自动送料模和自动送料模等;按照导向方式可分为无导向模、板式导向模、滑动导向模和滚动导向模等;按照适用范围可分为通用模和专用模等。

2) 冲压模具的基本结构及各部分作用

冲压模具基本结构示意图如实验图6-2所示。冲压模具的基本结构主要包括以下几个部分。

> 工作部分。工作部分包括凸模和凹模,再复合模具中还有凸凹模,它们成对互相配合,完成对坯料的成型,它们的形状、尺寸精度、固定方法及材质处理等决定着冲压模具的制造成本、工作性能及使用寿命等。

> 辅助部分。是协助工作部分完成基本工作必不可少的装置。如坯料送进的定向定位装置、废料排出装置、卸料退件装置、压料抬料装置等。它们的结构形式对工件质量、操作安全和生产效率等至关重要。辅助装置部分是冲压模具设计中不容忽视的重要部分。

> 导向部分。保证上模、下模准确和模的装置,要求导向精度好、工作可靠,如导向套和导向柱等。

> 支撑部分。是指模具的基础结构部分,即上、下模架。凸模、凹模和其他所有零件安装在上面,组成一套完整的模具。导向部分和支撑部分合称模架。目前模架已基本标准化。

> 紧固部分。中小型模具大都采用沉头螺钉和定位销作可拆卸式连接。有些凸模、凹模的固定采用粘接或低熔点合金焊接。大型模具的刃口和支架也有采用焊接方式的。

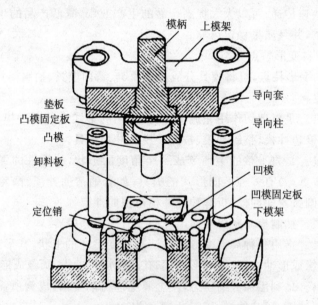

实验图6-2 冲压模具基本结构示意图

2. 冲压工艺的种类

冲压主要是按工艺分类,可分为分离工序和成形工序两大类。分离工序也称冲裁,其目的是使冲压件沿一定轮廓线从板料上分离,同时保证分离断面的质量要求。

成形工序的目的是使板料在不破坏的条件下发生塑性变形,制成所需形状和尺寸的工件。在实际生产中常常是多种工序综合应用于一个工件。冲裁、弯曲、剪切、拉深、胀形、旋压、矫正是几种主要的冲压工艺。

1) 分离工序(冲裁)

冲裁是利用冲模从板料上分离出所需形状和尺寸的零件或毛坯的冲压方法。它利用冲模的刃口使板料沿一定的轮廓线产生剪切变形并分离。冲裁在冲压生产中所占的比例最大。在冲裁过程中,除剪切轮廓线附近的金属外,板料本身并不产生塑性变形,所以由平板冲裁加工的零件仍然是一平面形状。它可以直接制成平板零件或为其他冲压工序如弯曲、拉深、成形等准备毛坯,也可以在已成形的冲压件上进行切口、修边等。

冲裁可分为剪切、落料、冲孔、切断、切口和剖切等。

> 剪切。将大平板剪切成条料。
> 落料。沿一条封闭的分离线将所需的部分从板料上分离出来。即从坯料上分离下来的部分是零件。
> 冲孔。把坯料内的材料以封闭的轮廓和坯料分离开来,得到带孔制件的冲压方法。即从坯料上分离下来的部分是废料。
> 切边。切去拉深件的飞边。

2) 成形工序

① 弯曲。将金属板材、管件和型材弯成一定角度、曲率和形状的塑性成型方法。弯曲是冲压件生产中广泛采用的主要工序之一。金属材料的弯曲实质上是一个弹塑性变形过程,在卸载后,工件会产生方向的弹性恢复变形,称回弹。回弹影响工件的精度,是弯曲工艺必须考虑的技术管件。

② 拉深也称拉延或压延。是利用模具使冲裁后得到的平板坯料变成开口的空心零件的冲压加工方法。用拉深工艺可以制成筒形、阶梯形、锥形、球形、盒形和其他不规则形状的薄壁零件。如果与其他冲压成形工艺配合,还可制造形状极为复杂的零件。在冲压生产中,拉深件的种类很多。由于其几何形状特点不同,变形区的位置、变形的性质、变形的分布以及坯料各部位的应力状态和分布规律有着相当大的、甚至是本质的差别。所以工艺参数、工序数目与顺序的确定方法及模具设计原则与方法都不一样。各种拉深件按变形力学的特点可分为直壁回转体(圆筒形件)、直壁非回转体(盒形体)、曲面回转体(曲面形状零件)和曲面非回转体等四种类型。

③ 拉形。是通过拉形模对板料施加拉力,使板料产生不均匀拉应力和拉伸应变,随之板料与拉形模贴合面逐渐扩展,直至与拉形模型面完全贴合。拉形的适用对象主要是制造材料具有一定塑性,表面积大,曲度变化缓和而光滑,质量要求高(外形准确、光滑流线、质量稳定)的双曲度蒙皮。拉形由于所用工艺装备和设备比较简单,故成本较低,灵活性大;但材料利用率和生产率较低。

④ 旋压。是一种金属回转加工工艺。在加工过程中,坯料随旋压模主动旋转或

旋压头绕坯料与旋压模主动旋转,旋压头相对芯模和坯料作进给运动,使坯料产生连续局部变形而获得所需空心回转体零件。

【实验内容】

实验前,需认真做好实验预习。预习实验指导书及冲压模具和冲压工艺等相关知识。

1. 实验用品

- 单工序模具、复合模具、连续(级进)模具若干套;
- 拆装工具、测量工具若干套。

2. 实验步骤

① 学生分成若干组,按指定位置就座。

② 利用拆装工具,打开上、下模,了解模具上每个零件的名称、作用和装配关系;了解模具的工作原理和工作过程;

③ 使用测量工具测绘冲压模具,绘制出冲压模具的三维立体图或装配图;

④ 绘制出用该模具冲压成型的制件的零件图;

⑤ 将模具原样装配好;

⑥ 计算冲裁力,分析排样方法等。

【实验报告要求】

实验报告应包括的内容:

- 实验目的;
- 简述冲压模具的作用、种类和工作原理;
- 简述冲压工艺的分类;
- 画出本组冲压模具的三维立体图或装配图,标出模具的主要结构的名称,并简述其主要作用;
- 画出本组冲压模具所冲压的零件的零件图;
- 说明该模具的工作原理;
- 分析计算冲压零件所需的冲裁力。

冲裁力计算公式:

$$F = K\tau Lt \quad \text{(实验 6-1)}$$

式中:F——冲裁力(N);

K——安全系数,一般取 1.3;

τ——冲压材料的抗剪强度(N/mm^2);

L——冲裁周边长度(mm);

t——坯料厚度(mm)。

附录 A 压痕直径与布氏硬度对照表

附表 A 压痕直径与布氏硬度对照表

压痕直径 $d_{10}, 2d_5, 4d_{2.5}$ /mm	布氏硬度(HB) 载荷/(p/kgf)			压痕直径 $d_{10}, 2d_5, 4d_{2.5}$ /mm	布氏硬度(HB) 载荷/(p/kgf)		
	$30D^2$	$10D^2$	$2.5D^2$		$30D^2$	$10D^2$	$2.5D^2$
2.75	495	165		3.50	302	101	25.2
2.80	477	159		3.52	298	99.5	24.9
2.85	461	154		3.54	295	98.3	24.6
2.90	444	148		3.56	292	97.2	24.3
2.95	429	143		3.58	288	96.1	24.0
3.00	415	138	34.6	3.60	285	95.0	23.7
3.02	409	136	34.1	3.62	282	93.9	23.5
3.04	404	134	33.7	3.64	278	92.8	23.2
3.06	398	133	33.2	3.66	275	91.8	22.9
3.08	393	131	32.7	3.68	272	90.7	22.7
3.10	388	129	32.3	3.70	269	89.7	22.4
3.12	383	128	31.9	3.72	266	88.7	22.2
3.14	378	126	31.5	3.74	263	87.7	21.9
3.16	373	124	31.1	3.76	260	86.8	21.7
3.18	368	123	30.7	3.78	257	95.8	21.5
3.20	363	121	30.3	3.80	255	84.9	21.2
3.22	359	120	29.9	3.82	252	84.0	21.0
3.24	354	118	29.5	3.84	249	83.0	20.8
3.26	350	117	29.2	3.86	246	82.1	20.5
3.28	345	115	28.8	3.88	244	81.3	20.3
3.30	341	114	28.4	3.90	241	80.4	20.1
3.32	337	112	28.1	3.92	239	79.6	19.9
3.34	333	111	27.7	3.94	236	78.7	19.7
3.36	329	110	27.4	3.96	234	77.9	19.5
3.38	325	108	27.1	3.98	231	77.1	19.3
3.40	321	107	26.7	4.00	229	76.3	19.1
3.42	317	106	26.4	4.02	226	75.5	18.9
3.44	313	104	26.1	4.04	224	74.7	18.7
3.46	309	103	25.8	4.06	222	73.9	18.5
3.48	306	102	25.5	4.08	219	73.2	18.3

续附表 A

压痕直径 $d_{10}, 2d_5, 4d_{2.5}$ /mm	布氏硬度(HB) 载荷/(p/kgf)			压痕直径 $d_{10}, 2d_5, 4d_{2.5}$ /mm	布氏硬度(HB) 载荷/(p/kgf)		
	$30D^2$	$10D^2$	$2.5D^2$		$30D^2$	$10D^2$	$2.5D^2$
4.10	217	72.4	18.1	4.70	163	54.3	13.6
4.12	215	71.7	17.9	4.72	161	53.8	13.4
4.14	213	71.0	17.7	4.74	160	53.3	13.3
4.16	211	70.2	17.6	4.76	158	52.8	13.2
4.18	209	69.5	17.4	4.78	157	52.3	13.1
4.20	207	68.8	17.2	4.80	156	51.9	13.0
4.22	204	68.2	17.0	4.82	154	51.4	12.9
4.24	202	67.5	16.9	4.84	153	51.0	12.8
4.26	200	66.8	16.7	4.86	152	50.5	12.6
4.28	198	66.2	16.5	4.88	150	50.1	12.5
4.30	197	65.5	16.4	4.90	149	49.6	12.4
4.32	195	64.9	16.2	4.92	148	49.2	12.3
4.34	193	64.2	16.1	4.94	146	48.8	12.2
4.36	191	63.6	15.9	4.96	145	48.4	12.1
4.38	189	63.0	15.8	4.98	144	47.9	12.0
4.40	187	62.4	15.6	5.00	143	47.5	11.9
4.42	185	61.8	15.5	5.05	140	46.5	11.6
4.44	184	61.2	15.3	5.10	137	45.5	11.4
4.46	182	60.6	15.2	5.15	134	44.6	11.2
4.48	180	60.1	15.0	5.20	131	43.7	10.9
4.50	179	59.5	14.9	5.25	128	42.8	10.7
4.52	177	59.0	14.7	5.30	126	41.9	10.5
4.54	175	58.4	14.6	5.35	123	41.0	10.3
4.56	174	57.9	14.5	5.40	121	40.2	10.1
4.58	172	57.3	14.3	5.45	118	39.4	9.9
4.60	170	56.8	14.2	5.50	116	38.6	9.7
4.62	169	56.3	14.1	5.55	114	37.9	9.5
4.64	167	55.8	13.9	5.60	111	37.1	9.3
4.66	166	55.3	13.8	5.65	109	36.4	9.1
4.68	164	54.8	13.7	5.70	107	35.7	8.9

附录 B 洛氏硬度(HRC)与其他硬度及强度换算表

附表 B 洛氏硬度(HRC)与其他硬度及强度换算表

洛氏硬度 (HRC)	布氏硬度 (HB10/3000)	维氏硬度 (HV)	强度(近似) (σ_b/MPa)	洛氏硬度 (HRC)	布氏硬度 (HB10/3000)	维氏硬度 (HV)	强度(近似) (σ_b/MPa)
65	—	798	—	36	331	339	1140
64	—	774	—	35	322	329	1115
63	—	751	—	34	314	321	1085
62	—	730	—	33	306	312	1060
61	—	708	—	32	298	304	1030
60	—	687	2675	31	291	296	1005
59	—	666	2555	30	284	289	985
58	—	645	2435	29	277	281	960
57	—	625	2315	28	270	274	935
56	—	605	2210	27	263	267	915
55	538	587	2115	26	257	260	895
54	526	569	2030	25	251	254	875
53	515	551	1945	24	246	247	845
52	503	535	1875	23	240	241	825
51	492	520	1805	22	235	235	805
50	480	504	1745	21	230	229	790
49	469	789	1685	20	225	224	770
48	457	475	1635	(19)	221	218	755
47	445	461	1580	(18)	216	213	740
46	433	448	1530	(17)	212	208	725
45	422	435	1480	(16)	208	203	710
44	411	423	1440	(15)	204	198	690
43	400	411	1390	(14)	200	193	675
42	390	400	1350	(13)	196	189	660
41	379	389	1310	(12)	192	184	645
40	369	378	1275	(11)	188	180	625
39	359	368	1235	(10)	185	176	615
38	349	358	1200	(9)	181	172	600
37	340	348	1170	(8)	177	168	590

参考文献

[1] 王正品,李炳.工程材料[M].北京:机械工业出版社,2013.

[2] 张正贵,牛建平.实用机械工程材料及选用[M].北京:机械工业出版社,2014.

[3] 杨瑞成,等.工程材料[M].北京:科学出版社,2012.

[4] 赵程,杨建民.机械工程材料[M].2版.北京:机械工业出版社,2014.

[5] 崔占全,孙振国.工程材料学习指导[M].2版.北京:机械工业出版社,2011.

[6] 徐晓峰,张万红.工程材料与成形工艺基础作业集[M].北京:机械工业出版社,2014.

[7] 赵乃勤.热处理原理与工艺[M].北京:机械工业出版社,2012.

[8] 温秉权,黄勇.金属材料手册[M].北京:电子工业出版社,2009.

[9] 中国机械工程学会热处理学会.热处理手册[M].4版.北京:机械工业出版社,2009.

[10] 李书常.简明典型金属材料热处理实用手册[M].北京:机械工业出版社,2010.

[11] 陈文琳.金属板料成形工艺与模具设计[M].北京:机械工业出版社,2012.

[12] 葛春林,盖雨聆.机械工程材料及材料成型技术基础实验指导书[M].北京:冶金工业出版社,2001.

[13] 施江澜,赵占西.材料成形技术基础[M].北京:机械工业出版社,2011.

[14] 温建萍,刘子利.工程材料与成形工艺基础学习指导[M].北京:化学工业出版社,2007.

[15] 申荣华.工程材料及成形技术基础学习指导与习题详解[M].2版.北京:北京大学出版社,2015.

[16] 中国国家标准化管理委员会.金属材料 布氏硬度试验:GB/T231.1—2009[S].北京:中国标准出版社,2010.

[17] 中国国家标准化管理委员会.金属材料 洛氏硬度试验:GB/T230.1—2009[S].北京:中国标准出版社,2010.